Une brève Histoire de l'Écriture

Direction artistique : Patricia Chapuis

94, rue de l'Amiral Mouchez – 75014 Paris
01 45 80 10 68
www.jcbehar.com

Michel Melot

Une brève Histoire de l'Écriture

L'9

Les livres épais étaient dans la malle, empilés les uns sur les autres, infinie multitude de caractères arabes, qui attendaient de m'emmener et de me révéler mystères et secrets, car seuls les caractères arabes connaissaient les chemins des mystères comme les fourmis tous les trous et les failles du sol. « Grand père, tu sais lire les fourmis ? ». Il riait doucement, puis caressait mes cheveux dépeignés. « Non, mon enfant, elles ne se lisent pas ».
- Et pourquoi ? Quand elles sont rassemblées on dirait tout à fait des caractères turcs.
- C'est seulement une impression. « Mais je les ai vues », insistai-je une dernière fois.

Ismaïl Kadaré, *Chroniques de la ville de pierre*

I ... L'écriture de l'espace

Dans la grotte de Blombos, à l'est du Cap en Afrique du sud, on a trouvé parmi les vestiges d'un habitat vieux de 75 000 ans de petits blocs d'argile striés par la main de l'homme. Ce serait le témoignage d'une sorte d'écriture où l'on peut compter aussi les gravures en dents de scie des coquillages de Java qui auraient plus de 500 000 ans. S'il est permis de parler si tôt d'écriture, c'est que ce quadrillage d'une régularité calculée, évoquant les mailles d'un filet, est déjà l'ébauche d'une maîtrise de la pensée par la domestication de l'espace, le premier exemple d'une géométrie.

L'histoire de l'écriture n'est plus ce long fleuve tranquille qui prenait sa source au Moyen-Orient et coulait jusqu'à nos jours dans le lit de la langue. Les sciences exactes et les sciences humaines semblent s'être liguées pour faire sortir l'écriture de ses rives afin d'y faire entrer des catégories de signes indicibles.

Chaque photographie, indéfiniment et exactement reproduite, est devenue un pictogramme en puissance et les codes numériques, inexorablement univoques, sont lus par des robots illettrés. L'écriture est un territoire ouvert à tous les vents. Devant tant de sortes de signes mémoriels, on ne peut qu'appeler « écriture » tout tracé destiné à être déchiffré, mettant de côté ceux qui sont livrés, en tout ou en partie, à l'imaginaire ou qui laissent derrière eux des traces fortuites.

À l'entrée de la grotte Chauvet, dans l'Ariège, un nuage de points d'ocre appelle le regard, taches de terre apposées sur une paroi voilà plus de trente mille ans. On en ignore la signification. Faute de la connaître, les préhistoriens font parler les murs. Or, cet espace est bavard. Les signes des cavernes ne sont pas situés n'importe où, ni dans n'importe quel sens, ni dans n'importe quel ordre. On ne trouve pas les mêmes séquences à l'entrée des grottes et dans leurs profondeurs, ni sur les mêmes surfaces : certaines se voyaient à la lumière du jour selon les heures et les saisons, d'autres exigeaient celle du feu. Ces marques assignées à leur place respectent une articulation qui appelle le récit ou le commentaire. Elles étaient installées aussi dans le temps, dans un rythme, accompagnées de gestes, de chants et de paroles proférées ou psalmodiées que toutes les civilisations connaissent.

De ces sites préhistoriques on connaît surtout les souples profils de bêtes, figures animales multipliées dans une course sauvage. Les représentations figuratives supposent, comme l'a dit André Leroi-Gourhan, la maîtrise de la langue qui les désigne, mais qu'en est-il des signes abstraits qui les environnent presque toujours[1], formant des trames qu'on retrouvera continûment dans le décor des premiers objets, poteries, vanneries ou tissus, fabriqués par l'homme ? Leur suite silencieuse n'est cependant pas due au hasard : « Apparemment il existe toujours un choix bien précis de la surface où sera exécutée la peinture ou la gravure[2] ». Pour Denis Vialou, les liaisons spatiales se déclinent selon trois modalités : juxtaposition, superposition et emboîtement[3]. À force d'être interrogées, les images révèlent leur complexité : proximités, séparations, répétitions, proportions forment une « raison graphique »[4] qui rappelle celle de nos rêves faits de comparaisons, substitutions et condensations.

Les observations des préhistoriens nous font comprendre ce qu'est l'écriture. La première nous apprend que l'espace où s'inscrit l'écriture n'est pas un milieu passif, fût-il celui d'une page blanche. Peintures et sculptures

1. A. Leroi-Gourhan, 1964, p. 269. Voir les références bibliographiques complètes en fin d'ouvrage.

2. E. Anati, 1997, p. 27-28.

3. D. Vialou, « L'Inscrit avant l'écrit », dans A.-M. Christin, *Histoire de l'écriture*, 2007, p. 25.

4. J. Goody [1977], 1979 ; A.-M. Christin, 1995.

rupestres épousent les accidents des parois, tel ce sexe féminin moulé dans la roche au plus profond de la grotte Chauvet. Autre observation : l'espace de l'écriture est un espace orienté, structuré. Du fait qu'il est écrit ou peint, il acquiert une ou plusieurs directions. Il s'agit bien là d'une convention, pas d'une improvisation. Le sens « fait sens ». Le modèle linéaire d'une écriture calquée sur la parole nous a fait négliger cette dimension. Dans les idéogrammes chinois, l'orientation des traits est déterminante et dans la géomancie, l'orientation des objets engage leur avenir. Dans de nombreuses écritures, hiéroglyphes égyptiens ou glyphes méso-américains, les signes utilisés ont un sens « dispositionnel », comme dans nos formules algébriques. L'ordre de l'écrit n'est pas celui de la parole. On ne peut ni superposer, ni chevaucher, ni raturer les mots, ni inverser leur cours. La parole, immédiate, rompt le silence, la trace s'intègre durablement dans un cadre dont elle organise l'espace. L'écriture est une projection qui va se fondre sur une surface, ce qui entraîne certains anthropologues à voir dans l'art de Néandertal et dans les premiers signes d'écriture une pratique de nature chamanique, par laquelle l'homme sort de sa peau et prend, ailleurs qu'en lui-même, une autre forme ou cherche à dialoguer avec un autre monde[5]. L'écriture

5. Sur le débat à propos du chamanisme : J. Clottes, 1996 et 2013.

permet à l'homme de se dédoubler et, par cet artifice, de se transporter dans l'espace et le temps.

Avant la langue

Loin de lui être soumis, le pouvoir de l'écriture précède et excède celui de la langue, la déborde et lui survit. Le monde des enregistrements dans lequel nous vivons a généralisé celui de l'écriture. Il englobe les sismographes et les électrocardiogrammes. Jack Goody appartient à cette génération d'ethnologues qui travaillait avec un magnétophone. Voulant transcrire les paroles des griots africains, il s'aperçut combien la transcription assèche la voix, la momifie et combien la voix, appauvrie par la bande magnétique, convient peu à notre pensée, sous-tendue par des schémas spatiaux : parcours, listes, calendriers, plans, que seul l'espace peut restituer. La plasticité de l'écriture, détachée de son scribe et solidaire de son support, lui permet de se répandre. L'écriture est un savoir situé. Les affiches modernes empruntent les chemins des peintures rupestres, comme elles « pariétales ». Leur premier élément significatif est la surface qu'elles occupent. Avant même qu'une trace y soit portée, le sens d'une affiche est conditionné par son emplacement, sa dimension, son angle de perspective, son éclairage. À quoi il convient d'ajouter la suite que les affiches composent de mur en mur, leur environnement, leur fréquence et l'ordre dans lequel elles apparaissent : continu, discontinu, alternatif ou itératif. Le panneau d'affichage, comme les parois de la caverne, est un itinéraire, une scansion de l'espace. L'écriture a une vocation topographique que n'a pas l'oralité. Elle fait partie du mobilier urbain, et l'urbanisme, à son tour, devient une écriture.

Les plus anciens témoignages d'écriture de la musique sont inscrits dans l'espace : des flûtes en os, percées de trous harmoniques datées de 33 000 av. J.-C. codifient les écarts des doigts. Les premiers tissus découverts dans le Caucase (36 000 av. J.-C.) attestent d'un savoir chiffré qui ordonne et guide les gestes du tissage. Leroi-Gourhan, pour qui « l'écriture débute par l'abstraction », parle des churingas, ces encoches gravées sur des pièces de pierre ou de bois en Australie « dont l'officiant, du bout des doigts, suit les figures au rythme de ses déclamations[6]. » L'art figuratif, dit-il encore, est inséparable du langage, mais dans un rapport différent de l'art abstrait dont l'oralité n'est que l'accompagnement. La voix, le geste et le tracé s'associent dans les premières écritures. L'écriture est d'abord un acte : « écritures attachées », dit Pierre Déléage, à l'origine de nombreuses écritures amérindiennes, intégrées dans un rituel ou une pratique sans rapport direct avec l'oralité[7].

6. A. Leroi-Gourhan, 1964, p. 63.

7. P. Déléage, 2013.

« L'arbre peint le vent sans pinceau » dit un poète japonais. Avant la trace il y a le tracé et avant le tracé il y a le geste. Certains ont montré qu'à l'origine des idéogrammes, on trouve le mouvement du geste qui les a dessinés et dont le calligraphe a gardé le souvenir. « À côté de la culture par mots, il y a la culture par gestes, écrit Antonin Artaud, il y a d'autres langages au monde que notre langage occidental, lui qui a opté pour le dépouillement, pour le dessèchement des idées et où les idées nous sont présentées à l'état inerte sans ébranler au passage tout un système d'analogies naturelles connues dans les langues orientales[8]. » Julia Kristeva a cherché dans le geste une « sortie » de la sémiologie, prisonnière de la linguistique, y découvrant une « activité antérieure au message »[9].

Écritures visuelles

Les ethnologues n'ont pas peu contribué à élargir le périmètre de l'écriture en multipliant les exemples de systèmes visuels utilisés comme signes d'appartenance, cadeaux ou monnaies. Le plus célèbre est le système des *quipus*, ces cordelettes nouées grâce auxquelles les Incas tenaient leurs comptes et leurs archives. La couleur des cordelettes, le nombre

8. A. Artaud, « Lettre sur le langage » dans *Le Théâtre et son double*, Folio, 1931.

9. J. Kristeva, « Le geste, pratique ou communication ? », *Langages*, 3e année n° 10, 1968, p. 48-64.

et la position des nœuds correspondaient à un système décimal. Ces bouquets de cordelettes rigoureusement assemblées permettaient d'engranger les récoltes, de tenir l'état-civil ou de percevoir les impôts, bref, de noter sans un mot tout ce qui se mesure, à condition qu'on sût déjà ce qu'ils mesuraient. Les cauris, petits coquillages, sont utilisés dans de nombreux pays en Afrique, en Océanie ou en Inde. Selon leur abondance ou leur rareté, ce sont des jeux, des monnaies ou des signes divinatoires. De ces objets, ceux qu'on nomme *wampum* chez les Indiens d'Amérique du Nord, sont les plus troublants, car ils sont devenus, par leur complexité et la diversité de leurs usages, un vrai langage. Le *wampum* est à l'origine un coquillage qu'on peut enfiler pour en faire des colliers et des ceintures. Ces objets avaient un rôle symbolique et plus précisément diplomatique entre tribus. Les Hollandais en firent une monnaie d'échange en fabricant des « faux » : des perles de porcelaine qui les imitaient.

On n'ose parler d'écriture pour ces systèmes numériques qui n'ont été suivis d'aucune écriture phonétique, mais lorsqu'on a découvert en Mésopotamie les plus anciens jetons d'argile, encapsulés dans des bulles d'argile qui portaient elles-mêmes des signes numériques, on ne pouvait pas ne pas songer à un signe avant-coureur de l'écriture des mots. On en a trouvés sur le site d'Uruk IV, du IVe millénaire av. J.-C., sur les lieux mêmes des premières écritures phonétiques. Sans répétitivité ni grammaire, ces signes nombreux, divers mais isolés, restent des pictogrammes. L'image seule ne fait pas une écriture. Leroi-Gourhan disait « On ne connaît en fait aucun témoin pictographique à la racine des écritures et le passage se fait de groupes de figures mythographiques, "simples gravures rupestres" ou décors d'objets, à des symboles linéarisés et déjà profondément engagés dans la phonétisation. »

Ces croix et ces petits bâtons, parfois en couleurs, avec lesquels nous continuons de pointer et de strier nos agendas et nos tablettes, sont présents dans toutes les civilisations. La langue n'a certainement pas cessé de les accompagner mais la langue ignore s'ils sont noirs, gris ou blancs.

Défaite de la parole

Sur l'oralité, l'écriture a l'avantage de la durée et de la stabilité. L'écrit se distingue de la langue et du cri, du chant et du dessin, par sa « portabilité » d'un individu à un autre. *Verba volant, scripta manent,* disaient les Latins : les paroles s'envolent, les écrits restent. La langue parlée ne survit pas à ceux qui la prononcent. L'autre vertu de l'écriture est sa reproductibilité. La voix n'est pas reproductible. Lorsqu'elle le fut enfin, en 1875 avec l'invention du phonographe, elle ne perdit pas pour autant son lien organique, subjectif : elle reste l'émanation d'une personne. L'écrit, lui, s'émancipe du corps, et par là, se libère de toute attache circonstancielle. Son autonomie lui confère, avec le don d'ubiquité, un usage extensif, une valeur qui passe pour objective. Les progrès des techniques de reproduction, d'enregistrement et de diffusion à distance des images et des sons ont profondément changé la notion d'écriture. S'instaure alors une rupture entre ces signes indomptés que sont le tracé, le chant ou la danse à l'état natif, et ceux dont le sens a été fixé. Les uns font appel à la sensibilité et à des souvenirs parfois dormants, les autres à l'intellect. Ils constituent la part maîtrisée, savante, de l'écriture. Mais qu'on le décrète ou non, l'écriture doit prendre forme, et cette forme, codée, enseignée et apprise, transporte avec elle tous les sens implicites de l'imaginaire.

Platon voyait dans l'écriture une défaite de la pensée. Dans beaucoup de sociétés, où seule compte la parole donnée, on le regrette encore. Pour l'homme courageux, il faut se parler « à pleine tête » comme disait Saint Simon : l'écriture est l'arme des lâches. « Œil de faucon », ce blanc perdu parmi les Indiens dans *Le Dernier des Mohicans* ne raisonne pas différemment de Platon : « … ils sont dans l'usage d'écrire dans des livres ce qu'ils ont fait et ce qu'ils ont vu, au lieu de le raconter dans leurs villages où l'on pourrait donner un démenti en face d'un lâche fanfaron, et où le brave peut prendre ses camarades à témoin de la vérité de ses paroles. En conséquence de cette mauvaise coutume, un homme qui a trop de conscience pour mal passer son temps au milieu des femmes à apprendre à déchiffrer les marques noires mises sur du papier blanc, peut n'entendre jamais parler des exploits de ses pères, ce qui l'encouragerait à les imiter et à les surpasser[10]. »

L'écriture des mots a effrayé les « sauvages » dont les missionnaires transcrivaient les paroles. « Les Hurons, disait l'un d'eux, admiraient grandement l'écriture par laquelle, absent, on se fait entendre où l'on veut[11]. » Et ils les accusaient de voler leurs noms. Contrairement à la langue, qui s'éteint avec son dernier locuteur, l'écriture résiste à l'absence et traverse la mort. Pour permettre ce prodige, un code d'accès est requis qui doit être transmis. Honneur à qui le possède. Malheur à qui l'ignore.

Mirages d'écritures

Peut-on élargir la définition de l'écriture à tout signe « inscrit », suffisamment répétitif pour être compris de manière univoque, comme peut l'être le code de la route, par les membres d'une même communauté ? Ce serait y inclure les messages de fumée des Indiens ou

10. F. Cooper, *Le Dernier des Mohicans*, 1826, trad. fr. coll. Garnier-Flammarion, p. 69.

11. G. Sagart-Théodat, *Le Grand Voyage au pays des Hurons en l'an 1624*, Paris, 1632, dans Bertrand Guégan, Trois voyages au Canada, Paris, éd. du carrefour, s.d., p. 252.

les lignes de la main. Malheureusement lorsque la coutume se perd, il est impossible de savoir si ces conventions ont jamais existé. Une suspicion d'écriture existe lorsque les signes respectent un ordre dans l'espace et une sorte de granularité qui les rend reproductibles et les distingue du flux ininterrompu du paysage, de la voix et du geste. C'est le cas de nombreux pétroglyphes disséminés un peu partout dans le monde, sur les rochers de la Guadeloupe, du Sahara, de Nouvelle-Zélande ou du Mont Bégo, dans les Alpes de Provence où 40 000 signes dispersés sur 3 700 rochers de la Vallée des Merveilles, défient depuis leur découverte en 1650 leur interprétation. Flèches, araires, poignards, signes de pasteurs dit-on qui « se dérobent à toute signification »[12]. Ils sont à l'écriture ce que les mirages sont aux oasis : leur sens s'évanouit lorsqu'on les approche.

L'Allemand Gottfried Semper voyait dans la maîtrise de la ligne, les conditions de l'invention du tissage, du décor et de l'architecture[13]. Au début du XXe siècle, pour d'autres historiens de l'art, l'abstraction était l'origine même de l'art, non pas une façon de reproduire le réel mais au contraire de s'en extraire. Pour Aloïs Riegl, ces signes géométriques qui recouvrent les poteries et ornent les premiers tissus ne sont pas de simples décors. Ils ont

12. R. Viers (dir.), 2006, p. 51.
13. T. Ingold, [2007], 2011, p. 62.

une raison d'être[14]. Pour Wilhelm Worringer, ces premiers tracés répondent au besoin qu'a l'homme d'aménager son espace, de s'y situer, de s'y orienter et d'y marquer sa présence : « Nous pourrions appeler cet état une énorme angoisse devant l'espace » écrit-il en 1907[15]. Son maître, le philosophe Théodore Lipps, admirateur de Freud, fut l'un des premiers à parler d'*Einfülhung*, qu'on traduit par « empathie », et donne dans son Aesthetica (1904) comme définition de l'art « une jouissance objectivée de soi »[16]. Pour que cette jouissance de soi devienne écriture et non plus œuvre d'art ou produit de l'imaginaire, il faut y introduire un ordre, un sens collectif qui la rendra lisible de façon univoque pour cette collectivité, fût-elle intime ou secrète.

Pour une « archi-écriture »

À l'époque où, en Allemagne et à Vienne, les historiens de l'art cherchaient dans le tracé l'origine de l'écriture, Ferdinand de Saussure délivrait à Genève entre 1906 et 1911, son célèbre *Cours de linguistique générale* qui professait une conception dans laquelle le rôle de l'écriture était réduit à la transcription de la langue. Il est ferme sur ce point : « la langue et l'écriture sont

14. A. Riegl, [1893], 1978.

15. W. Worringer, [1907], 1978.

16. S. Tisseron, *L'Empathie au cœur du jeu social*, Albin Michel, 2010, p. 20.

deux systèmes de signes distincts. L'unique raison d'être du second est de représenter le premier. » Mais, poursuit-il, « le mot écrit se mêle si intimement au mot parlé, qu'il finit par usurper le rôle principal. » Les sciences exactes et humaines ne cessent, depuis Saussure, de dénoncer cette soumission sans condition de l'écriture à la langue. Les ethnologues n'en finissent pas de découvrir que ces sociétés dites « sans écritures » sont couvertes d'inscriptions. Les écritures mathématiques et numériques, sur un autre front, développent des machines capables d'exécuter des programmes figurés. L'écriture est une mise en espace de la pensée. Ses artifices pour rendre visible la langue, selon l'expression d'Anne-Marie Christin, ne sont, dirait-on de nos jours, que des « applications ».

Leroi-Gourhan proposait d'appeler, faute de mieux, « graphismes » toutes ces écritures non langagières. Il n'existait pas de mot pour désigner une science spécifique de l'écriture, symétrique de ce qu'est la linguistique pour la langue. En 1952 l'américain Ignace Jay Gelb brisait avec la dépendance à la langue en proposant une définition large de l'écriture : « système de communication entre les hommes au moyen de signes visuels conventionnels » et proposait d'appeler cette science : grammatologie[17]. Ce terme fut repris en 1967 par Jacques Derrida, dans son livre *De la grammatologie* qui lui donna aussitôt une

17. I. J. Gelb, [1952], 1973.

tout autre dimension : il voit dans « l'inscription durable d'un signe, le seul noyau irréductible du concept d'écriture »[18]. Il s'agissait pour lui d'inclure tous systèmes de signes linguistiques, écrits ou oraux (faut-il alors y inclure les ondes immatérielles, qui portent la majorité de nos messages ?) pour faire de l'écriture la condition même de la fonction originelle de la signification que l'écriture, au sens large, doit conjurer : « énigmatique rapport du vivant à son autre et d'un dedans à un dehors », ce qu'il nomme « espacement ». Conscient de briser des barrières bien établies, Derrida propose d'appeler « archi-écriture » cette notion élargie.

Ce n'est pas ici le lieu de débattre de ce procès en métaphysique du sens et du signe, mais on peut s'interroger sur la coïncidence entre l'apparition de telles théories élargies de l'écriture et l'invention de l'enregistrement magnétique (1951) qui traite sur un même support signes sonores et signes optiques, ou avec l'invention de techniques qui font reposer les signes sur des espacements binaires. Au moment où Derrida propose cette « archi-écriture », les sémiologues appellent « archi-texte » les métadonnées qui gouvernent l'écriture et l'édition mais qui ne relèvent pas de la langue. À la même époque, les historiens du livre reportaient leur intérêt sur la « mise en texte », la bibliographie matérielle et la signification

18. J. Derrida, 1967, p. 65.

du médium, qui devint, pour McLuhan, « le message » (1967)[19].

L'accommodation de nos esprits à une écriture hybride conduit à considérer comme des écritures des systèmes qui en étaient naguère exclus. L'un des plus récents déchiffrements d'écritures inviolées, celle des Olmèques qui précédèrent les Mayas en Amérique centrale, n'est possible qu'en prenant en compte une écriture construite en pièces détachées, jouant non seulement sur l'espace interne et l'agencement des signes, mais sur le modèle astronomique d'une écriture céleste et sur la troisième dimension que leur offre, en reflet, l'architecture des temples et le plan des villes[20]. À la même époque, des ingénieurs comparent le développement de la Toile à une vaste urbanisation de l'écriture, phénomène humain et incontrôlable, dont le sens se révèle à mesure qu'elle se construit. Nous vivons par procuration dans un paysage d'écritures dont la langue ne dit plus le dernier mot.

19. M. McLuhan & Q. Fiore, *The Medium is the Massage*, Penguin Classics, 2008.

20. C. Magni, 2013.

11 … Écritures divinatoires

Dans son beau roman *Soie,* Alessandro Barrico dit de l'écriture japonaise, fille de la chinoise : « On aurait dit un catalogue d'empreintes de petits oiseaux, dressé avec une méticuleuse folie. C'était surprenant de penser que c'étaient des signes, la cendre d'une voix brûlée. » Pour les cultures non monothéistes, l'homme n'est pas une créature distincte du monde. Aussi n'y a-t-il pas de fracture entre la nature et l'écriture. Enracinée dans la nature et détachée de la langue, l'écriture chinoise pouvait passer pour universelle, et les Occidentaux s'étonnaient de voir des Japonais lire avec leur propre langue des textes écrits en chinois.

Une telle conception de l'écriture se prête aux hypothèses d'une origine divinatoire. En 1899, un haut fonctionnaire chinois, souffrant de la malaria, eut recours à une médecine obtenue à partir d'os et de carapaces de tortues gravés de signes. Il attira l'attention des amateurs sur ces curieux objets. On obtenait ces craquelures en appliquant des tisons sur des omoplates de moutons et sur des plastrons de tortue. Leurs orientations et leurs combinaisons anguleuses étaient interprétées par des devins comme des réponses à leurs questions concernant les bons ou les mauvais augures. L'intérêt porté à ces vestiges conduisit les archéologues à fouiller le site d'Anyang, au nord-est de la Chine, ancienne capitale du royaume Shang du XIVe au XIe siècle av. J.-C., dans le bassin du Fleuve Jaune, sur les deux bords de la rivière Huan. Auprès des palais et des temples, les fragments d'os divinatoires abondaient : dans un seul puits de 1,8 mètre de diamètre et 6 mètres de profondeur on en exhuma, en 1928, 17 000. On en connaît aujourd'hui plus de 150 000. Les signes divinatoires inspirés par la nature sont choses courantes, mais ceux-ci étaient accompagnés d'autres signes plus élaborés, gravés sur le même support, ordonnés de façon symétrique, qui sont la transcription savante par les devins des fractures causées par les brûlures. On reconnut assez vite la parenté de ces signes inédits avec ceux de l'écriture chinoise. On en identifia 5 000, dont 3 000 sont aujourd'hui déchiffrables.

L'écriture chinoise, qui surgit déjà là, toute prête, est sans doute plus ancienne, et cette naissance spontanée a de quoi surprendre. Il est probable que ces pratiques divinatoires remontent à des dates antérieures à celles des vestiges qu'on en a conservés. Ces signes graphiques font référence à un ordre du cosmos, dont la tortue, réputée immortelle, enrobée de ses plastrons ventral et dorsal, était le symbole. Ils forment un langage articulé dans l'espace, sans lien avec le phonétisme, même si l'écriture chinoise dut avoir recours au phonétisme, autant d'ailleurs dans un souci de classification que de prononciation. L'écriture divinatoire apparaît plus spirituelle que fonctionnelle, apanage de scribes dont le savoir était tenu secret. Le scribe chinois est un devin. Il sait lire le destin.

Signe de signes

« En chinois, culture se dit *wenhua*, terme composé de wen qui signifie "ensemble de traits", caractère simple d'écriture ; il désigne à l'origine les veines de la pierre ou du bois, les constellations représentées par des traits reliant les étoiles, les traces des pas des animaux sur le sol, les dessins qui ornent les carapaces de tortues, les tatouages[1]. » Cette acception rappelle le mythe du devin Cang Jie qui « avait quatre yeux de sorte qu'il voyait et pénétrait tout de son regard. Il observa les constellations et les signes de la tortue et les traces des oiseaux. Il recueillit tous les motifs et, les combinant, il créa les caractères d'écritures[2]. »

La découverte des pouvoirs divinatoires de l'écriture chinoise remet en question la doxa selon laquelle l'invention de l'écriture en Mésopotamie et en Crète serait due aux

1. A. Névot, 2008, p. 26.

2. *Ibid.* p. 81. Voir J.-F. Billeter, 2010, p. 263 et Jacques Gernet, *L'Intelligence de la Chine*, 1994, p. 366.

besoins gestionnaires des échanges entre peuples de Mésopotamie et, en Crète, à l'administration des palais, comme le prouvent la majorité des documents découverts. Pour ce qui est de Sumer, Jean-Jacques Glassner, constatant que l'un des deux verbes sumériens pour dire « écrire » « fait référence, notamment, à l'inscription des présages divinatoires », s'interroge cependant à la fin de son ouvrage *Écrire à Sumer* : « Signes d'écriture et présages ont, en outre, en commun de susciter par leurs configurations respectives ce qu'ils désignent [...]. L'écriture des présages, dont les signes sont comme déposés dans le monde, est hermétique aux humains [...]. Dans cette hypothèse, l'écriture humaine serait signe de signe avant d'être signe de mot[3]. »

Vers le XIe siècle av. J.-C., on pratiqua la lecture des branches d'achillée, cette plante médicinale aux tiges longues et rigides[4]. Leurs compositions géométriques donnèrent naissance au Yi Jing, réduction du cosmos en des ensembles de lignes inlassablement mais systématiquement agencées par deux, trois, six, neuf ou plus de soixante. L'écriture du Yi Jing est une écriture binaire, comme celle d'un ordinateur qui serait la source d'une sagesse universelle. L'élément premier est le couple germinal et opposé, formé par une barre

3. J.-J. Glassner, 2000, p. 258.

4. L. Vandermeersch, 2013.

longue et une autre de même longueur mais composée de deux segments.

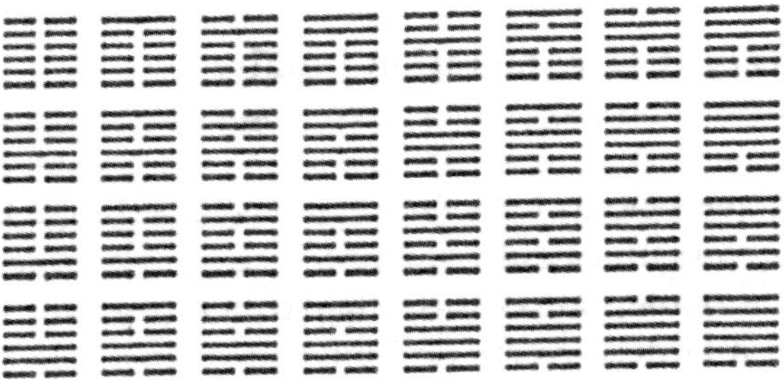

Le *fengshui*, art taoïste d'harmoniser le ciel et la terre, a donné naissance à des objets graphiques sophistiqués qu'on ne peut exclure du monde de l'écriture. Disposés en cadrans et en diagrammes, ils peuvent compter jusqu'à trente-six cercles concentriques qui servent à se situer dans l'univers. Ils vont guider l'aménagement des maisons, le plan des villes, les arts martiaux et la stratégie des batailles.

Il est tentant de voir dans ces écritures naturelles ou surnaturelles le modèle de l'écriture des hommes et l'on a pu chercher dans la divination l'origine de l'écriture, en donnant raison à Pierre Michon : « Rendre des oracles, en effet c'est bien la seule chose qui puisse nous faire écrire[5]. » Cette hypothèse amène à distinguer l'écriture de la lecture, puisque la lecture de ces signes s'apparente à celle des diagnostics du médecin ou des prévisions météorologiques : lectures sans écriture. La lecture fut sans doute orale et même mentale

5. *Corps du roi*, p. 25.

avant d'avoir été consignée dans un système graphique. Elle fut elle-même précédée d'un déchiffrement qui veut couvrir d'un sens un ensemble de symptômes dont on cherche la cohérence dans un espace déterminé. La circonscription du cadre et le choix des signes concernés sont les conditions, nécessairement antérieures, de l'écriture, qui reporte dans un espace factice les figures pour aider à leur interprétation. Rien ne prouve que l'écriture humaine y trouve son inspiration. Il est plus vraisemblable de penser que ces symptômes ont été assimilés à une écriture de façon métaphorique, bien après que celle-ci a été inventée. L'écriture n'est pas tombée du ciel.

L'interprétation de telles écritures est sous le pouvoir conjoint des scribes et des rois. Moins que la lecture du futur, le devin et son roi cherchent une légitimation de leur autorité qui soit irrécusable parce que déjà inscrite dans le cosmos. Ces traces peuvent être partout, mais qui prétend les voir et les comprendre, les lire, doit les transformer en écriture. L'écriture est une sécrétion du sacré.

On aurait pu croire, et on l'a cru parfois, qu'une telle écriture ne survivrait pas à la mondialisation et à la modernité. Or, l'écriture chinoise, avec ses dérivées, notamment la japonaise, est aujourd'hui bien vivante et la seule de son espèce à avoir résisté aux assauts de l'alphabet. L'Empereur en fit un puissant outil d'unification de l'immense empire fondé en 221 av. J.-C. Il avait seul le droit de proscrire certains caractères et d'en introduire de nouveaux. Elle s'est adaptée au récit et à la poésie, à l'époque de Confucius, aux VIe et Ve siècles av. J.-C. Elle s'est enfin résolue, de mauvaise grâce, sous la pression du bouddhisme, à la reproduction xylographique puis typographique, qui étaient le contraire même de sa vocation ésotérique et calligraphique. L'écriture chinoise reste une langue graphique.

Toute écriture est plus ou moins divinatoire. Certains mathématiciens regrettent que leurs écritures soient généralement omises dans l'ensemble de ces réflexions : écritures sans oralité. Ce sont d'autres techniques graphiques dont le rôle de « validation des hypothèses » est de « faciliter la prévision » [6]. Ils rapprochent leurs démarches de procédés divinatoires qui auraient trouvé leurs assises scientifiques et dont les tableaux noirs et les écrans seraient les espaces consacrés. « Parmi les scientifiques, écrit Cédric Villani, ce sont les mathématiciens (au sens large) qui sont le plus obsédés par la graphie ! L'aspect esthétique des formules, le goût pour la symétrie et la synthèse, l'attention portée aux détails, tout cela participe à faire du mathématicien un expert graphiste à sa manière [7]. » Aussi serait-il vain de voir dans l'écriture un simple instrument fonctionnel

6. É. Guichard (dir.), 2012.

7. C. Villani, « L'écriture des mathématiciens », dans É. Guichard (dir.), 2012, p. 204

et de l'opposer à des écritures inspirées de la divination. Par ailleurs, les écritures divinatoires sont pourvues d'objectifs très réalistes, concernant la gestion de la vie et la réussite des affaires.

Déchiffrer la foudre

L'écriture cunéiforme n'a nullement l'interprétation de signes naturels pour origine. On ne saurait donc en comparer l'histoire avec celle des idéogrammes chinois. Elle fut cependant très impliquée dans les rites de divination. À Babylone, on lisait le foie des bêtes sacrifiées. Leur forme, leur taille et leurs diverticules représentaient, non sans vraisemblance, les accidents des parcours de la vie humaine. Comme sur les carapaces de tortues, l'écriture intervenait en marge, mais sans rapport formel avec les objets examinés. La procédure, très ritualisée dans des formules grammaticales porteuses d'une logique, en est connue. Elle permettait au devin de déduire « scientifiquement » ses diagnostics des particularités de l'organe, sous la forme « Si ... c'est le signe de ... ». Jean Bottero donne cet exemple : « Si, dans la partie droite du foie, se trouvent deux excroissances en forme de doigts, c'est le présage du Temps d'anarchie. » On connaît de nombreuses maquettes en argile, conservées comme archives, telle que celle de Mari disant « Lorsque mon pays s'est soulevé contre Ibbî-Sîn (entre 2007 et 2003 av. J.-C.), c'est ainsi que le foie se trouvait disposé », preuve expérimentale ou leçon pour d'apprentis devins[8].

Les Étrusques étaient également de grands lecteurs de foies, considérés alors comme l'organe vital de l'homme, ainsi qu'en témoigne le foie de bronze d'époque hellénistique découvert près de Plaisance en 1877, divisé en seize parcelles, chacune bordée d'inscriptions explicatives. Mais la spécialité des Étrusques était la *fulguratura*, ou écriture des foudres. La foudre, on le sait, était le moyen favori de Zeus pour se faire comprendre des hommes. Des experts savaient interpréter les éclairs d'après leur longueur, leur intensité et le lieu de leurs dévastations, y compris le nombre et la qualité de leurs victimes. L'écriture étrusque ne jouait, là aussi, que le rôle subalterne de commentaire, mais on ne peut s'empêcher d'entendre dans les roulements de tonnerre la voix et, dans les éclairs, l'écriture de Zeus[9]. À Rome, la philosophie controversa ces pratiques, et Sénèque constatait : « Selon nous, c'est parce qu'il y a collision des nuages que la foudre explose. Selon eux, il n'y a collision que pour que l'explosion se fasse[10]. »

8. J. Bottero, 1987, p. 240 sqq. Voir aussi J.-M. Durand, « Lecture d'un texte divinatoire babylonien », dans A.-M. Christin (dir.), *Espaces de lecture*, 1988, p. 54.

9. R. Bloch, *Les Prodiges dans l'Antiquité classique*, PUF, 1963.

10. Cité par R. Bloch, *La Divination dans l'Antiquité*, PUF, 1984, p. 60.

Comme les Babyloniens, les Aztèques et les Mayas possédaient une science de l'astronomie, dont leur écriture reflétait non seulement le savoir mais aussi la disposition spatiale dans des cycles. Écriture et géomancie s'y rejoignent pour assigner une place et un temps à chaque chose. L'écriture sert d'abord à établir des chroniques et des calendriers. Diego de Landa, évêque espagnol au Mexique, auteur en 1560 de *La Relation des choses du Yucatan*, vit d'abord dans les mystérieux glyphes les noms des mois et des jours. Avant de brûler tout ce qu'il avait pu rassembler de manuscrits dans un autodafé en 1562, il en avait décrit certains usages : « Ils délayaient un peu de leur vert-de-gris avec de l'eau vierge, selon ce qu'ils disaient, apportée d'un coin de forêt où aucune femme n'avait pénétré, et ils en enduisaient les planches des livres pour leur purification, et cela fait, le plus savant des prêtres ouvrait un livre et consultait les augures de l'année et les annonçait aux présents [11]. »

Un peu partout dans le monde, on a recours à des formes de divination qui confient aux dieux ou à la nature le destin des hommes. Les jeux divinatoires avec des cailloux, des coquillages ou « cauris », en Afrique, par exemple dans les rites vaudous, se traduisent par des projections visuelles donc lisibles, mais

11. M. Boccara, *Ak'ab ts'ib*, « Les lettres de nuit des Mayas » dans *L'Aventure des écritures. Naissances*, Bibliothèque nationale de France, 1997, p. 62.

la lecture en demeure immédiate, impromptue, sa mémoire n'est pas garantie. La façon dont les Dogons placent, le soir venu, des brindilles et des graines dans l'enceinte d'une « table de divination », délimitée dans le sable, pour y déchiffrer au matin les traces qu'y auraient laissées les passages nocturnes des renards, est proche d'une écriture, puisque la forme, bien qu'éphémère, vient s'inscrire dans le sol[12]. Contrairement aux divinations « inductives » dans lesquelles une pythie ou un chaman inspiré prononce des oracles qui passent par le souffle et la voix, les divinations « déductives » sont fondées sur des formes visibles. La traduction du monde suppose observation patiente et transmission durable. Elle fait appel, en Chine comme en Mésopotamie ou en Amérique, à un savoir extraordinairement élaboré d'écriture qui caractérise aujourd'hui la démarche scientifique. Ces écritures se sont constituées non pas dans la langue, mais à l'abri de la langue.

Pierres de rêves

Si le monde est ce vaste livre déjà écrit que postule l'astrologie, l'histoire de l'écriture humaine n'est qu'un minuscule avatar de l'histoire des écritures. Dans le ciel étoilé, on lit des signes où l'homme cherche sa place, sa maison, comme on dit dans le zodiaque, en l'absence de tout auteur connu.

12. G. Calame-Griaule, 1987.

La lecture des nuages n'a pour nous de sens que météorologique, et nul n'en déduit que les nuages sont écrits. Dans son *Écriture des pierres*, Roger Caillois évoque les formes naturelles des pierres comme support de « figures » avec lesquelles l'homme va broder sa propre histoire[13]. « Sur l'agate de Pyrrhus, l'Antiquité a distingué Apollon muni de sa lyre et le cortège des Muses, chacune avec ses attributs particuliers. » Dans une telle acception, le mot « écriture » n'est employé que comme une métaphore de l'écriture humaine, à moins que ce ne soit l'inverse. Pour les Chinois, c'est évidemment l'inverse, l'écriture humaine n'est que la fille d'une écriture des choses, ce qu'on appelait une *signature*, comme le rappelle Michel Foucault dans *Les Mots et les choses*[14]. C'est pourquoi les Chinois ont tant apprécié ces écritures naturelles dans ce qu'ils nomment des « pierres de rêves » avec lesquelles ils assortissent leurs caractères comme des fleurs dans un bouquet. Le mot *paysage* n'a plus le même sens lorsqu'il est compris comme une lecture ensevelie de nous-mêmes. Entre écriture et nature, nulle coupure sémiotique ne vient briser l'élan qui ferait jaillir l'une de l'autre. Les « pierres de rêve » sont des calligraphies de la nature.

13. R. Caillois, *Écriture des pierres*, 1970. Voir aussi J. Baltrusaïtis, *Aberrations*, 1957.

14. M. Foucault, *Les Mots et les choses*, Gallimard, 1966, ch. II, 2.

Le calligraphe chinois collabore avec elles en les prenant pour modèles et support de ses propres créations. « Hiéroglyphes sans message, écrit Caillois, la plupart du temps, ils n'évoquent dans la mémoire le souvenir d'aucune apparence. »

L'écriture phonétique a oublié cette dimension naturelle de l'écriture. Les rites du peuple Yi du Yunnan, qu'a étudiés Aurélie Névot, nous en rappellent la force et la logique. Elle constate que le signe employé pour « caractère d'écriture », dans l'écriture rituelle que les Yi ont forgée à partir de l'écriture chinoise, est homophone du terme « sang » ainsi que du terme « souffle ». Elle conclut : «... Si l'on suit la métaphore, transmettre ses caractères d'écriture, c'est transmettre son sang, c'est aussi transmettre ses souffles, ses énergies vitales en somme... On dit, en effet, que la calligraphie est une veine d'encre qui bat au rythme des propres artères du peintre, elle est un prolongement du corps réel [...]. Écrit sur papier, l'écrit s'anime grâce à la voix et au corps du *bimo* (chaman), qui, accroupi, effectue par saccades un mouvement de va-et-vient constant, d'avant en arrière[15]. » La forme ne vient pas « reproduire » la voix, c'est la voix qui vient réveiller la forme dans laquelle le sens sommeille. Ainsi de l'écriture chinoise qui fonctionne, du visuel à l'oral, en sens inverse de la nôtre.

15. A. Névot, 2008, p. 86-89.

III … Écriture de la langue

Longtemps les discours ont accompagné les figures, les uns appuyés sur les autres. Ce qu'on nomme aujourd'hui l'écriture est ce système contre nature qui affecte, de façon univoque, une forme graphique aux formes sonores des mots, ce qui permet de « rendre visible la langue ». Il apparaît à la fin du IVe millénaire av. J.-C. autour des basses vallées du Tigre et de l'Euphrate, aujourd'hui en Irak, dans cet Éden où la Bible n'a pas par hasard situé la Création du monde. Ce pays fertile fut un lieu de rencontres. Les Sumériens venaient de l'Est, c'est-à-dire d'on ne sait où. Mais avant eux des peuples s'y étaient arrêtés et installés. Les villes ont succédé aux villages. Les communautés s'y sont sédentarisées. « Des canaux avaient été creusés, des temples de brique bâtis, ruinés et plusieurs fois déjà reconstruits… L'écriture cependant n'apparaît pas dans toute la contrée mais là seulement où ces princes furent assez puissants pour assurer leur domination sur plusieurs peuples [1] ». Les premières tablettes d'argile marquées de

1. R. Labat, « L'écriture cunéiforme et la civilisation mésopotamienne » dans *L'Écriture et la psychologie des peuples*, 1963, p. 77.

caractères à la fois numéraux, idéographiques et phonétiques trouvées dans les couches les plus profondes de l'ancienne cité d'Uruk, entre 3300 et 3200 av. J.-C., sont des documents comptables : échanges ou vente de brebis, d'orge ou de bière. Si l'écriture s'est développée dans ce premier milieu urbain, c'est qu'elle permettait un fonctionnement de la communauté au-delà des rapports de voisinage, dans l'espace et dans le temps. Jean-Jacques Glassner insiste sur le fait que les premiers documents écrits sont des contrats privatifs, que l'on a découverts dans les quartiers bas de ces villes, loin des palais et des temples situés sur les hauteurs[2].

Contrairement aux contrats oraux qui se concluent entre soi, l'écriture possède une force nouvelle : la validation. Son histoire prend forme avec les sceaux dont l'usage est attesté dès le VIIe millénaire. Mais le sceau est le signe unique de l'autorité de l'une des parties, indiscutable, inarticulée. L'écriture suppose une autorité distincte de celle de chacune des parties. Ce n'est pas le simple constat d'un échange, mais sa garantie *au-delà* des contractants, vis-à-vis des tiers et vis-à-vis des dieux. Tout écrit suppose ce qu'on appellera une « personne morale ». Elle permet de fonder des rapports humains au-delà des mortels sur des symboles reconnus par chacun et non par la connivence, par l'intimidation

2. J.-J. Glassner, dans P. Vernus (dir.), 2011, p. 17.

ou par la violence. Il faut être deux pour parler, trois pour écrire.

Flexion, réflexion

L'écriture de la langue objective la parole. Elle échappe à celui qui écrit. Elle est un genre d'expression mixte nouveau, langue et image. Le signe phonétique n'est pas une image « oralisée », comme peuvent l'être des suites d'images que l'on raconte, c'est une abstraction qui intègre une autre abstraction, celle du sens accordé aux sons de la langue. Un tel signe apparaît pour la première fois sur les tablettes sumériennes pour qualifier les quantités mais aussi pour noter le type de transaction ou l'identité du propriétaire. Les signes de quantité manquent de vocabulaire. Les écritures pictographiques manquent de syntaxe, de flexions et de réflexion. Le signe phonétique leur donne leur fluidité. Le phonétisme n'est pas toute l'écriture, c'est le lubrifiant de l'écriture. Elle ne pourra plus s'en passer. C'est pourquoi il a semblé légitime de ne parler d'écriture qu'à partir de la phonétisation des tracés. L'usage systématique des caractères cunéiformes a sans doute favorisé le recours généralisé au phonétisme mais il semble désormais acquis que les plus anciennes tablettes sumériennes, de plusieurs siècles antérieures à l'usage généralisé des caractères cunéiformes, marquées de signes numériques et de tracés plus ou moins figuratifs, comportaient déjà des signes phonétiques. De tabulaire, comme les images inscrites dans un cadre, l'écriture devient alors linéaire, comme le flux du discours. C'est là, au XXXIVe siècle av. J.- C., que débute l'histoire de ce qu'on a appelé l'écriture.

Le silence des figures

Contrairement à la langue, « née sous X », l'écriture ne peut être que le fruit d'une décision raisonnée, c'est-à-dire politique, dans le sens large de la Cité, sur la définition de laquelle on s'interroge encore. On ne sait qui l'a prise, mais on peut l'attribuer à un collège de doctes ou de prêtres, en tout cas, une autorité forte et centrale : cette « personne morale » qu'on est tenté d'appeler un État ou un Royaume. Ceci rend moins incompréhensible l'apparition soudaine des écritures qui ont recours au phonétisme et aussi leur petit nombre, alors que des formes figurées, qui n'ont pas un tel pouvoir, sont légions, sur tous les continents, mais condamnées à un usage local. Nul ne sait qui a inventé les hiéroglyphes ou les caractères chinois. Nul ne sait comment a été dessiné l'alphabet phénicien, ce qui ouvre la porte à toutes les parentés putatives, du démotique égyptien au linéaire B crétois, en passant par les signes pré-arabiques. L'écriture doit être instituée : nous apprenons tous à parler, sans même nous en rendre compte, mais pas tous à écrire.

Les formes vaguement analogiques des pictogrammes ont aussi pu servir de premier support au signe phonétique. Ce sont des leurres. Toutes les histoires de l'écriture nous montrent comment notre alpha est né de l'image schématisée d'une tête de bœuf. Il n'y en a pas moins rupture lorsque ce signe désigne un son et non plus un bœuf. L'image a perdu sa valeur sémantique : elle peut alors être remplacée par n'importe quelle figure abstraite. La passation du relais entre l'image et le son s'est souvent opérée par le jeu du rébus. Champollion découvre que pour écrire le nom de Ramsès, on a tracé le pictogramme d'un soleil pour Râ et un signe phonétique pour S. On retrouve ce procédé dans les premières tablettes sumériennes[3]. Comme dans nos rêves, les sens glissent l'un sur l'autre jusqu'à ce qu'une communauté s'accorde pour les stabiliser. L'écriture atteint la langue par ricochet.

Champollion corrigea les copistes de l'expédition d'Égypte qui représentèrent les figures humaines des hiéroglyphes comme des images réalistes, l'une d'elle porte une ceinture :

Impossible, dit Champollion, de dessiner une ceinture sur un personnage dont la gravure ne pouvait retenir que la silhouette creusée

3. J.-J. Glassner, 2000, p. 134.

dans la pierre ! Réduite à sa silhouette, la figure apparaît pour ce qu'elle est devenue :

ce n'est ni une image ni un signe abstrait, mais un signe qui tend vers l'abstraction et peut être un idéogramme, un logogramme ou même, par convention, un phonogramme[4].

C'est avec sept planches lithographiées que sont illustrées les sept pages de *De l'écriture hiératique des anciens égyptiens* que Champollion publia à Grenoble en 1821. C'est une lithographie que Champollion communiqua à l'helléniste Jean Letronne, en janvier 1822. La fameuse « lettre à M. Dacier » est illustrée de quatre lithographies. Inventée en 1796-1797, un an avant l'expédition d'Égypte, quand Champollion avait sept ans, la lithographie réintroduisait l'image dans le même espace que le texte, comme un manuscrit enfin libéré de son scribe. On pouvait penser à un alliage du texte et de l'image, comme au temps des écritures non alphabétiques. L'application des techniques de reproduction de l'image au déchiffrement des écritures ne fut pas qu'une commodité (sinon

4. Lettre manuscrite de Jean-François Champollion à son frère Jacques-Joseph, 13 juin 1818, dans *Jean-François Champollion, Lettres à son frère, 1804 – 1818*, L'Asiathèque, 1984.

le relevé manuscrit des inscriptions aurait fait l'affaire). Cette technique, en fixant la forme de la figure comme celle d'un caractère permettait, sans qu'on s'en aperçût, de penser l'écriture autrement que comme un système alphabétique. Le monde moderne avait retrouvé l'image qui sommeille dans toute écriture. W.-H. Fox-Talbot, devenu célèbre pour avoir inventé le calotype, était en fait assyriologue. Il voulait reproduire les tablettes du British Museum. Il fut l'un des déchiffrcurs des caractères cunéiformes[5].

Après 1820, l'ombre de Champollion plana sur le déchiffrement des glyphes mayas que Diego de Landa, le terrible moine qui accompagna la conquête du Mexique au XVIe siècle, avait cru pouvoir réduire à un alphabet latin. Suivant l'exemple du déchiffrement des hiéroglyphes, on soupçonna qu'une écriture d'images n'était pas incompatible avec une écriture phonétique. Avec l'aide de la lithographie, de la chambre claire, de la photographie et même de la chromolithographie (puisque la couleur y jouait un rôle), on chercha à départir les images des signes phonétiques, aux sens variables selon leur position. Deux écoles s'opposèrent longtemps avant de conclure que, comme dans les hiéroglyphes

5. C'est lui qui proposa en 1857, en guise de test, de distribuer quatre exemplaires de la même inscription cunéiforme à quatre éminents assyriologues dont lui-même, Rawlinson, Hincks et Oppert.

égyptiens, « en fait, dans le Maya classique et postclassique, écriture et figure ne sont pas séparées [6] ».

L'écriture des quantités

On a pu croire que l'écriture de la langue avait sa source dans les signes numériques. On les observe partout, dès les premières tablettes sumériennes. Mais l'écriture des nombres n'est pas l'écriture de la langue. Un chiffre, seul, ne mesure que de l'espace, sauf si, par ruse, par commodité ou par décret, on lui assigne une figure.

La première perception du nombre se fonde sur l'image par analogie (on dit aussi « appariement »), lorsque le nombre d'objets perçus coïncide avec le nombre de signes tracés. Jusqu'à quelques unités-quatre dit-on-l'opération se fait à vue d'œil et même les animaux font la différence. Le signe de quantité est alors confondu avec l'objet quantifié. Distinguer le signe numérique de la chose qu'il quantifie suppose une opération mentale qui met à part les signes numériques et les mots. Les deux ne sont pas de même nature, de même que les sons ne peuvent se déduire de l'image. Les écritures numériques, iconiques et phonétiques ne dérivent pas l'une de l'autre comme dans un arbre généalogique.

6. M. D. Coe, 1992, p. 262.

Pour passer de l'une à l'autre, il y a une mutation des valeurs représentées[7].

L'écriture algébrique, écriture des quantités entièrement codée, emprunte à l'alphabet son principe d'analyse et l'abstraction des signes. Elle a dû néanmoins inventer les siens propres et se souvient de ses origines spatiales. Le mathématicien Jean Dhombres pose la question du passage de la figure géométrique, écriture de l'espace, à la formule algébrique, cousine de l'alphabet, et constate que la figure a subsisté, ne serait-ce qu'à l'état fossile, dans l'écriture des équations dans laquelle la disposition des signes est essentielle. Il écrit : « Même si reste pertinente la distinction entre ce qui se calcule en s'écrivant linéairement, et ce qui se parcourt du regard en se figurant géométriquement [...] même à l'ère informatique, le débat n'est pas aisément clos entre le recours aux dessins et aux formules[8]. » Une certitude cependant : le calcul pense et produit du sens : « La pensée adopte des formes de ce qu'elle est censée donner à penser, en l'occurrence l'espace. » Ces écritures mathématiques de l'espace supposent cependant un degré d'abstraction

7. Dans *Écrire à Sumer*, J.-J. Glassner a expliqué pourquoi l'écriture de la langue ne peut descendre en ligne directe ni des chiffres ni des images.

8. J. Dhombres, *De l'écriture des mathématiques en tant que technique de l'intellect*, É. Guichard (dir.), 2012, p. 165.

qui doit beaucoup à la rupture de la pensée alphabétique[9].

L'invention de la géométrie pourrait donc passer pour une forme antérieure d'écriture de la langue. Ce n'est pas si simple. Toute figurée qu'elle est, la géométrie est aussi une pensée abstraite, comme le montre la mesure du nombre irrationnel Π, dont des Babyloniens, des Égyptiens et des Indiens auraient eu l'intuition. Il y a, là aussi, deux formes de géométrie, l'une, empirique, fondée sur l'expérience, l'autre spéculative, sur un raisonnement. Michel Serres a vu au British Museum une tablette babylonienne du IIIe millénaire montrant une carte accompagnée de caractères cunéiformes; or, le philosophe grec Anaximandre, au IVe siècle av. J.-C., passe pour avoir été l'inventeur de la carte : celui qui eut l'idée de remplacer les longs récits des voyageurs par un tracé. « Le local et le global, écrit M. Serres, séparent ces deux plans originels[10] ». Cette opposition est fondamentale. La représentation du local est analogique, issue d'une expérience vécue, sensible. Mais la carte d'un pays n'est pas un paysage. Nul n'a vu le monde comme il est représenté dans les atlas. Descartes explique aussi que l'on passe de la vision claire du triangle ou du carré à la vision conceptuelle du

9. H. Desbois, *La Transition géonumérique, ibid.* p. 113-137.

10. M. Serres, *Les Origines de la géométrie*, Flammarion, 1993, p. 71.

chiliogone, forme inimaginable aux mille côtés. Christian Jacob nous rappelle que c'est non seulement l'écriture mais l'alphabet grec qui, en portant l'abstraction à ses limites, en fut la condition. La carte est fille du discours, elle superpose le temps de la lecture à celui du voyage[11].

Les premiers empires des lettres

Les caractères cunéiformes ont eu une longue descendance qui autorise à reconnaître dès leurs tout premiers signes des valeurs qui ont été longtemps conservées. Mais on serait certainement surpris d'entendre parler un citoyen d'Uruk. La langue que l'on écrit n'est pas celle que l'on parle, à tel point qu'une théorie de la langue parlée a été constituée pour montrer tout ce que l'écriture fait à la langue[12]. Le sumérien demeura une langue écrite en raison peut-être de son prestige, comme le fut le latin chez nous ou comme l'écriture de l'hébreu survécut à l'usage de sa langue avant de la ressusciter. En Mésopotamie, l'écrit connut un tel développement que les différentes langues qui y étaient parlées furent tour à tour acclimatées par l'écriture cunéiforme. Contrairement aux écritures égyptienne et chinoise dont une caste garda jalousement le contrôle, l'écriture cunéiforme se répandit largement. La facilité

11. Ch. Jacob, 1992.
12. N. Catach, 1988.

de fabrication y est sans doute pour quelque chose : pour l'architecture, la céramique ou l'écriture, le pays de Sumer utilise le même matériau, peu coûteux et facile à manipuler : l'argile. Pour tracer, la tranche d'un roseau suffit, qu'on imprime sous différents angles. On conserve des milliers de tablettes de toutes dimensions et le cunéiforme fut utilisé dans une douzaine de pays aux langues différentes, sémitiques comme l'akkadien, ou indo-européennes comme le hittite, pendant plus de trois mille ans.

Très différente est l'histoire du hiéroglyphe égyptien, qui apparaît peu après, vers 3100 av. J.-C. mêlé aux figures impeccablement stylisées de la Palette de Narmer, roi de la Haute-Égypte, qui célèbre ainsi sa conquête de la Basse et l'unification des deux pays. L'écriture naît avec le besoin de réunir. Elle charpente le pays. Mais en Égypte la figuration conserve ses apparences et l'on a cru longtemps que ces figures n'étaient que des icônes. Dans l'un et l'autre cas, l'écriture surgit dans la concentration démographique et la nécessité d'unifier une ingérable diversité. Il faut dire que l'archéologie égyptienne, longtemps fascinée par les pyramides et les fastes pharaoniques, s'est déplacée vers des sites plus modestes, les quartiers populaires qui révèlent, sur les rives du Nil, des villes parfois de plus de dix mille habitants. Ces activités nouvelles appellent le nouvel ordre social. Outre l'écriture cérémonielle et monumentale gravée dans les pyramides, les énormes archives de papyrus qu'on a retrouvées ne font mention, comme les tablettes sumériennes, que de transactions et de transmissions. Pourtant, comme les sumérologues, les égyptologues répugnent de plus en plus à ne voir dans l'invention de l'écriture qu'une commodité administrative et comptable. Pascal Vernus résume ainsi les conditions qui expliquent l'apparition d'une écriture en Égypte : une urbanisation, une différenciation sociale et, plus qu'à Sumer, « un apparat idéologique de la souveraineté »[13].

La vallée du Nil est un autre Éden. Mais ses rives sont soumises aux inondations et son cours est dépourvu des voisinages frontaliers qui font de la Mésopotamie un espace ouvert aux concurrences et aux envahisseurs. D'où peut-être une homogénéité plus grande qui favorise le pouvoir central, gagnant peu à peu les petits royaumes qui se constituent à la fin du IVe millénaire, quand apparaissent les plus anciens signes d'écriture en s'échelonnant le long du fleuve de la première cataracte jusqu'au delta. L'écriture survit à la mort, et les nécropoles conservent des objets d'un luxe éblouissant. À la faveur d'un commerce international, l'écriture fonde un pouvoir que ces nouvelles castes ne lâcheront pas. L'écriture pérennise cette structure verticale qui aboutira à une théocratie. L'écriture égyptienne dura aussi longtemps que celle de Mésopotamie,

13. P. Vernus (dir.), 2011, p. 28 sqq.

jusqu'au christianisme, puis s'évanouit aussi, pour ne laisser dans les mémoires que de légendaires souvenirs et quelques vestiges dans l'écriture copte. De ces deux écritures, hiéroglyphique et cunéiforme, on perdit la compréhension jusqu'au XIXe siècle.

Une autre invention d'écriture de la langue eut lieu en Crète, dans une civilisation où de grands domaines agricoles se développèrent autour de palais princiers, qui surveillaient de larges plaines couvertes d'oliviers et les côtes où se déployaient des échanges avec l'Égypte et les îles succursales de la mer Égée. Ces palais, dans la première moitié du IIe millénaire, à Mallia, à Knossos et parallèlement à Chypre, connaissaient des formes élémentaires d'une écriture hiéroglyphique, mais c'est dans la seconde époque palatiale qu'apparurent les syllabaires linéaires, celui baptisé linéaire A (1660-1450 av. J.-C.) non encore déchiffré et le linéaire B (1450-1200 av. J.-C.) qui atteste l'usage d'un dialecte grec mycénien [14]. Les tablettes sont nombreuses : toutes concernent la gestion des richesses. Ces écritures largement répandues sur différents supports disparurent aussi.

James Février parle du Moyen-Orient de cette époque comme d'un « bouillon de culture » des écritures. La Mésopotamie, l'Égypte, la Chine et la Crète sont les quatre points cardinaux des premières écritures des

14. J. Chadwick, [1958], 1972.

langues. Ils convergent vers un point central, la côte méditerranéenne du Moyen-Orient, qui fut l'atelier où se forgèrent les premières écritures alphabétiques aux Xe et IXe siècles av. J.- C. Dans son beau récit *Un matin à Byblos*, Olivier Germain-Thomas imagine un jeune chinois qui, s'étant accroché aux caravanes pour aller vers l'Occident, parvient à Byblos, « la ville qui porte le nom de Livre » devant la mer qui est pour lui « l'extrémité de la terre », « là où le soleil se couche la nuit ». Il y découvre l'alphabet, cette « invention stupide » par laquelle les gens d'ici prétendent « transcrire tous les parlers des hommes ». « Ces signes sont des brindilles laides et sans vie qu'ils apprennent et tracent sans soin. Avec ces misérables combinaisons, les hommes quittent la réalité. Comment être avec le Ciel si l'on n'est pas avec la Terre ?[15] » Pour un Chinois, cette écriture n'en est pas une.

Entre l'alpha et l'oméga

Les premières écritures phonétiques sont syllabiques. La question troublante de l'origine de l'alphabet enflamme les chercheurs. Parmi les plus anciens documents figurent de frêles indices, quelques lettres que l'on hésite à qualifier d'alphabets, tracées à l'encre sur des tessons ou sur cette pointe de flèche découverte près de Bethléem et qui

15. O. Germain-Thomas, *Un Matin à Byblos*, éditions du Rocher, 2005.

pourrait dater du XIIe siècle av. J.-C., ou le « calendrier de Gezer », sept lignes en tout, gravées sur du calcaire sans doute au Xe siècle av. J.-C. D'où l'intérêt de ces inscriptions surgies des mines du Sinaï entre 1850 et 1500 av. J.-C. où les maîtres de l'Égypte auraient pu rencontrer la main-d'œuvre venue du nord. Le peuple Hyksos, « d'une race inconnue » venue de l'est, a dominé l'Égypte du XVIIIe au XVIe siècle. Quant aux Hébreux, nul ne sait qui, ni où ils étaient précisément à cette époque, tribus parmi les autres tribus[16].

L'époque qui va du XIIe siècle au Xe siècle av. J.-C. est pratiquement vide au regard des sources abondantes des premières écritures. L'invasion sur les terres de ces mystérieux « peuples de la mer » vers 1180 av. J.-C., a jeté un voile sur l'histoire des pays côtiers. On cherche minutieusement, dans ces périodes obscures, les bribes d'écritures qui établiraient un lien entre la Mésopotamie, l'Égypte et les îles de la mer Égée. Le syllabaire chypriote résista avant de disparaître à son tour. M. Cohen s'étonne « que des populations ayant connu l'écriture puissent ensuite rester trois siècles sans l'utiliser[17]. »

16. M. Liverani, *La Bible et l'invention de l'histoire*, Bayard, [2003], 2008 ; I. Finkelstein & N. A. Silberman, *La Bible dévoilée*, Bayard, 2001.

17. M. Cohen dans *L'Écriture et la psychologie des peuples*, 1963, p. 100.

Une écriture alphabétique et linéaire se stabilisa en Phénicie au cours des siècles suivants, laissant dans l'ombre ses origines sans doute multiples : hiéroglyphes égyptiens, cunéiformes syriens et mésopotamiens, linéaires crétois. Cet alphabet phénicien de 22 consonnes perdura pendant un millénaire en Phénicie et inspira tous les nôtres. Pour glisser de l'audible au visible, on eut recours, outre le rébus utilisé dès les débuts du phonétisme, à l'acrophonie qui consiste à retenir le son initial d'un mot pour figurer le son lui-même dans toutes ses occurrences, comme dans l'alphabet international : A comme Alpha, B comme Bravo, etc. Le décrochage de l'écriture avec la langue fut marqué aussi par l'insertion, à Ougarit par exemple, de signes ou d'espaces de séparation entre les mots, que la langue, dans son flux incessant, évidemment ne connaît pas. Le temps était converti en espace.

L'ancienne ville d'Ougarit, dont les vestiges furent découverts en 1928 au tell de Ras Shamra sur la côte syrienne, avait été sous contrôle de l'Égypte jusqu'en 1350 av. J.-C., avant de passer sous la suzeraineté des Hittites. Elle avait donc bénéficié des apports du Sud comme du Nord. On y parlait huit langues et on y écrivait dans cinq écritures. Les archéologues furent à la fête en y déchiffrant à la fois des documents en écriture hiéroglyphique avec ses dérivés cursifs dits « hiératiques », importés de l'Égypte pharaonique, et diverses variantes d'écritures cunéiformes, celles des

Hourrites et celles des Hittites, ce qui laisse penser que le royaume d'Ougarit, contrôlant tant de passages, avait acquis une sorte de franchise linguistique. Ougarit était un véritable entrepôt d'écritures comme il devait l'être de toutes sortes de marchandises. On y trouva aussi, sur des sceaux, des tablettes ou des vases, des signes isolés venus de Chypre, qui semblaient annoncer les premières écritures linéaires égéennes[18].

L'alphabet phénicien fut le germe de la plupart des écritures qui couvrent aujourd'hui le monde, excepté l'Extrême-Orient. Comment expliquer un tel succès ? À la faveur de l'effondrement des Hittites après 1200 av. J.-C., tandis que l'Assyrie au nord et l'Égypte au sud sont sur la défensive, on voit surgir des déserts orientaux des tribus semi-nomades qui cherchent à s'installer à travers la Syrie. Le pouvoir des vieux empires est vacant. Le Moyen-Orient est, pendant trois siècles, le théâtre d'une redistribution générale entre des royaumes fragiles que se disputent les peuples issus les uns du désert, comme les Araméens ou les Hébreux, les autres de la mer, comme les Philistins. La Bible est tissée de ces combats incessants, de ces coalitions éphémères, de ces déportations massives de populations conquises, vers l'an 1000 av. J.-C., à l'époque de David. Que se disputent-ils ? Un territoire

18. *Aux origines de l'alphabet, le royaume d'Ougarit*, Musée des beaux-arts de Lyon – Somogy, 2004.

certes, mais à géométrie variable, des routes surtout qui conduisent des déserts à la mer. Les écritures des cités, encore sédentaires, celles qui fondèrent des empires, ne sont plus adaptées à ce monde désorienté et agité par des échanges de marchandises et des mélanges de peuples.

Ni les Hébreux ni les Araméens, qui construisirent de redoutables cités, ne parvinrent à établir un grand empire centralisé. Les Araméens imposèrent leur hégémonie de la Syrie à la Palestine dans la seconde moitié du IXe siècle av. J.-C., mais cinquante ans plus tard, ne résistèrent pas au réveil des Assyriens. Or, au lieu de disparaître, marchands plus que guerriers, ils se fondirent dans le nouvel empire assyrien qui les absorba et qui adopta leur écriture, si commode et déjà diffusée dans ce qui n'était plus un ensemble de nations mais une immense zone de libre-échange. Au VIIIe siècle av. J.-C., le monde a changé. L'écriture aussi. À l'écriture des cités, l'écriture de Suse, de Babylone ou de Ninive, irradiant un pays qu'on veut unifier depuis un pouvoir fort, se substitue une écriture itinérante. L'alphabet est cette nouvelle forme d'écriture souple et rapide qui circule avec les caravanes et irrigue les régions qu'elle traverse. La formule phénicienne est simple : une écriture dématérialisée et des supports allégés. Le cunéiforme est une écriture solidifiée, qui s'imprime durablement dans l'argile. Le phénicien est une écriture fluide et passagère qui court sur la surface du papyrus ou du parchemin (les archives n'en ont pas résisté aussi bien que les tablettes !). On comprend mieux la mutation que l'alphabet a fait subir à l'écriture aujourd'hui que se produit un phénomène similaire : le passage de l'écriture sur papier, inappropriée à un nouvel ordre mondial, à l'écriture électronique.

Comment expliquer autrement que le peuple araméen, dont la langue et l'alphabet ont marqué l'histoire du monde, n'ait laissé que si peu d'autres traces ? Les Araméens ne dressèrent pas de frontières. Ils sont demeurés, jusqu'à leurs rares descendants, des apatrides. Leur intégration dans le royaume dit « assyro-araméen », qui sut si bien profiter de leurs scribes, ne fut pas une défaite car leur principal trésor n'était pas leurs terres mais leur écriture. La langue araméenne essaima tout autant : ce fut la langue que parlait Jésus-Christ, qui l'écrivit, au moins une fois, sur du sable. L'écriture araméenne fut embarquée par les caravanes des marchands vers l'Arabie et vers l'Asie, par les hordes de peuplades déportées ou exilées. Elle poursuivit sa longue route, sous sa forme syriaque vers l'Asie centrale, et, par des dérives encore plus surprenantes, jusqu'à l'Inde et ses confins du sud-est asiatique. Vers le sud elle servit de base à l'écriture hébraïque, dite « hébreu carré », à l'écriture arabe et à l'éthiopienne. Les peuples guerriers sont devenus des peuples marchands et l'écriture est leur arme. Les Perses qui tinrent les Grecs en échec, en firent, à Persépolis, leur écriture officielle, délaissant peu à peu les caractères cunéiformes du vieux perse. Alexandre le Grand mit fin à leur domination mais pas à l'écriture araméenne qui suivit ses armées dans leur épopée jusque dans ses nouveaux royaumes grecs, ces provinces lointaines de Sogdiane et de Bactriane, au-delà de la mer Caspienne, aujourd'hui en Afghanistan, au Turkménistan et au Pakistan. Les pays conquis n'ont pas de limites. Ils n'existent que pour relier des étapes et n'ont pour arrière-pays que les steppes et les déserts. Les routes des caravanes qui suivirent les troupes, et qui charrièrent bien d'autres choses que de la soie et des aromates, transportèrent avec elles leurs écritures.

La question de la consonne

Les premiers alphabets, venant des langues sémitiques comme le phénicien d'où dérivèrent l'hébreu et l'arabe, ne notaient que le « squelette consonantique » du mot. Le psychanalyste Gérard Pommier en a donné une explication qui associe physiologie et symbolique. Il oppose la voyelle, signe fluide, à la consonne, signe d'occlusion et d'aspérités, signe mâle de la loi, qui irait de pair avec l'interdit de l'image[19]. Outre ces hypothèses qui peuvent laisser perplexes, les

19. G. Pommier, *Naissance et renaissance de l'écriture*, PUF, 1993.

débats sont vifs pour décider si telle écriture est « consonantique » ou « syllabique ». La question importe pour la prononciation. Une lecture muette peut se satisfaire d'une phonétique pauvre, mais l'usage religieux, où seule la parole peut insuffler l'esprit à une écriture inerte, a besoin dans ses psalmodies d'indications précises pour rendre au texte le pouvoir de la prière. Ainsi l'écriture dite « massorétique » des textes judaïques se livre à une surenchère de notations phonétiques et d'accents divers [20]. Les civilisations indiennes aussi sont attachées à l'oralité des textes et l'écriture du sanscrit s'astreint à un rigoureux phonétisme, ce qui vaut aux écritures indiennes d'être les moins fautives à cet égard, comme la devanagari qui comporte 34 consonnes dont 5 semi-voyelles, 10 voyelles et 4 diphtongues [21]. C'est peut-être une des raisons pour lesquelles les écritures indiennes demeurent aussi nombreuses.

Le procès de l'orthographe

Les règles de l'orthographe témoignent du fossé qui sépare langue et écriture. Ferdinand de Saussure prononce, dans son *Cours*, un vrai réquisitoire contre l'orthographe, qui n'est pour lui qu'une insulte à la langue. Il stigmatise ce qu'il considère comme une trahison : « L'écriture voile la

20. J. Février, 1984, p. 242-243.

21. *Ibid.*, p. 344.

vue de la langue » écrit-il. On se demande pourquoi un système aussi imparfait a pu connaître un tel succès. Saussure n'en propose aucune explication : « C'est là proprement, dit-il, un fait pathologique. » Dans cette *tyrannie de la lettre* (Saussure), Jacques Derrida a vu une dictature de la langue et a repris le procès en sens inverse. L'écriture remplirait le vide du sens en apportant à la langue ce qui lui fait défaut : la stabilité et la matérialité. L'histoire doit être écrite. La langue ne transmet qu'une *légende* : « ce qui doit être lu ». L'écriture est le prix que la langue doit payer pour ne pas mourir.

Certains ont cru que pour faire rentrer les choses dans l'ordre de la langue, il suffisait de réformer l'orthographe. En 1958, Bernard Shaw avait, par souci humanitaire, doté un concours de 500 £ pour l'invention d'une écriture plus facile à manipuler par des gens peu instruits et plus économique en papier que l'écriture latine. Il eut 467 concurrents et un vainqueur, Kingsley Read, avec son alphabet « shavien » doté de 47 caractères (18 voyelles et 24 consonnes) adaptés à la langue anglaise. Un son devait correspondre à un caractère : vieux rêve phonétique, jamais réalisé tant il peut sortir de sons de la bouche d'un être humain. Shaw avait promis qu'une de ses pièces, *Androclès et le lion*, serait imprimée avec ses caractères « shaviens » ce qui lui vaut aujourd'hui de ne plus pouvoir être lue.

IV … Écritures des dieux

Converti à l'islam, Njoya, roi des Bamums au Cameroun décida dans un souci d'indépendance, vers 1895, de créer sa propre écriture dont certains supposent qu'elle s'apparente à des écritures secrètes arabes usitées en Mauritanie. Comme souvent, ce fut une révélation qui inspira son invention. Njoya fit un rêve qui lui prescrivait : « Roi, prends une planchette et dessine une main d'homme ; lave ce que tu auras dessiné et bois. » Njoya dit alors à ses sujets : « Je ferai un livre qui parlera sans qu'on l'entende[1]. » Les auteurs d'écritures inventées font souvent état d'une inspiration divine. Une écriture employée dans une secte vers 1900 dans les Monts Chin en Birmanie fut révélée à son chef, Pau Chin Han, par un rêve[2]. Désirant doter les chrétiens d'Arménie d'une écriture distincte du grec, Mesrop et Isaac allèrent avec quelques disciples, en 406, en Mésopotamie, aux sources de l'écriture. En prière, ils « reçurent du Tout-Puissant l'objet de leur supplication incessante : ils

1. J. Dugast et M.D.W. Jeffreys, *L'Écriture des Bamum…*, Institut français d'Afrique noire, 1950.

2. I. -J. Gelb, p. 235.

inventèrent sur place et sur le moment, en un instant, tous les caractères dans leur exquise perfection.[3] »

L'écriture, véhicule des lois, doit sourdre d'une source incontestable. Les dieux à qui l'on en fait crédit sont souvent des seconds rôles : Thot, dieu de la connaissance mais aussi le magicien, auteur des plus anciens textes en Égypte ; Hermès, messager des dieux, en Grèce. Mais l'écriture doit parfois avouer son origine humaine. Ni les textes d'Ougarit ni ceux de Phénicie ne font état d'un dieu tutélaire de l'écriture. Cadmos, légendaire roi de Tyr y aurait, selon Hérodote, introduit l'alphabet phénicien. Pour J.-J. Glassner, « les Sumériens savaient que l'écriture n'est pas créée par les dieux[4] ». Était-ce dû à la nature de ces nouvelles écritures réputées laïques dès leur origine ? L'écriture cherche son maître, comme un objet trouvé dont nul ne peut se prévaloir. Son anonymat, contrairement à la parole nécessairement déclarative, rend son autorité disponible. Les mythes viennent combler ce vide et fonder en droit son pouvoir convoité.

Chaque peuple a bâti sa propre histoire, révélatrice de ses ambitions, quant à l'usage de l'écriture. Akkad, qui a repris et perfectionné l'écriture sumérienne, a choisi d'ignorer cet

3. J. Klaproth, *Aperçu de l'origine des diverses écritures de l'ancien monde*, 1832.

4. J.-J. Glassner, 2000, p. 41.

emprunt et a attribué l'invention de l'écriture à un de ses dieux, Oannès, issu de la mer. À Babylone, Sardanapale (668-626 av. J.-C.) en fait l'honneur à Nabu, dieu de la comptabilité. C'est à Babylone que la Bible, par le prophète Ézéchiel, a rencontré ce « scribe céleste ». L'écriture chinoise a aussi son inventeur mythique, l'Empereur Fou-Xi, mais plus tard on attribua à un Confucius divinisé un rôle décisif dans l'orientation de l'écriture. Dans la mythologie celtique, c'est Ogmios ou Ogme, dieu de l'éloquence, magicien lui aussi, qui créa l'écriture ogamique. Dans les mythologies germaniques, ce fut Odin, dieu du savoir et de la magie, dont on dit qu'il était borgne, ayant vendu un œil pour acquérir des connaissances.

L'écriture des monothéismes

Les religions monothéistes ont fait main basse sur l'écriture. Après l'avoir maudit « Yahvé mit un signe sur Caïn, afin que le premier venu ne le frappât point » (Gen. 4, 15). Puisque le dieu des monothéistes est un dieu jaloux et universel, les écritures hébraïques, chrétiennes ou arabes se donnent en modèle exclusif. Depuis le XVIe siècle, on ne cesse de feindre de découvrir qu'il en existe d'autres, tous imparfaits. L'alphabet reste le parangon de l'écriture et de fait, sa technique s'est imposée dans la majeure partie du monde. La concomitance de la diffusion des alphabets sur les rives de la Méditerranée et de celle des monothéismes n'est sans doute pas fortuite.

Elle a nourri en tout cas bien des hypothèses. Les deux tables de pierre que Moïse rapportait de son entrevue avec Dieu au sommet du Sinaï, gravées des Commandements, morale universelle, étaient bien écrites de la main de Dieu. La religion n'allait plus se fonder sur un rituel mais sur une éthique qui devait trouver un fondement irrécusable. On sait que ce ne fut pas sans peine. Moïse avait fait déjà deux fois l'ascension du Sinaï. De la première il n'avait rapporté que des paroles : le Décalogue fut d'abord proclamé par Dieu de façon orale, mais indirectement, par la bouche de Moïse, son porte-parole (Deut. 5). Cela n'a pas convaincu. La deuxième fois, il a fallu donner de l'écriture, comme on donne du canon. La nouvelle alliance exige l'autographe de Dieu. Nouvel échec : devant le veau d'or, Moïse brise les tables (Deut.9) et Yahvé doit réécrire deux nouvelles tables (Deut. 10). Le monothéisme ne souffre aucune concurrence. Il n'est plus un de ces monothéismes nationaux dont celui de Yahvé aurait fait partie. Il s'agit d'un monothéisme universel. La valeur de l'écriture, sur laquelle il se fonde, doit l'être aussi.

Le premier souci d'un dieu unique est l'idolâtrie. En interdisant le culte de l'image, le dieu unique élimine ses concurrents mais se prive de toute manifestation terrestre. Entre l'instauration d'un dieu invisible et la formidable promotion de l'Écriture débarrassée de tout pictogramme, il y a un lien plus que vraisemblable. Quant à savoir en quelle écriture Dieu aurait pu tracer les Tables de la loi, tout dépend de l'époque à laquelle on situe sa rédaction. On ignore quand le récit de Moïse fut précisément rédigé, sans doute sous le règne de Josias en 622 av. J.-C. À l'époque légendaire de Moïse, vers 1250 av. J.-C., il n'aurait pu s'inspirer que d'une écriture égyptienne ou de cette écriture « protosinaïtique » attestée en 1500 av. J.-C., mais d'usage rare, qui emprunte au démotique ses tracés. En fait, à l'époque de Josias, les Hébreux pratiquaient une écriture proche du phénicien dont on ne connaît que des vestiges[5]. Puis, après l'Exil à Babylone ils utilisèrent une écriture dérivée de l'araméen, ancêtre de l'hébreu actuel, comme le prouvent certains des manuscrits bibliques de la Mer Morte. Ce fut cette variante de l'araméen bien connue de nous mais que Yahvé, lui, ignorait encore sur le Mont Sinaï, qui fut et demeure consacrée.

Lettre sans image,
Dieu sans visage

La puissance de l'écriture biblique fut telle qu'une mystique, la Kabbale, se développa en Europe au XIIe siècle dans une tradition ésotérique où chaque lettre serait comme un corpuscule du monde. On voit là les vertus d'un alphabet : chaque élément, réalisation abstraite du Verbe divin, libre de

5. J. Cohen, *La Fabuleuse histoire de l'écriture hébraïque*, éd. du Cosmogone, 1999.

toute image, ne peut que receler l'explication du monde. Comme les Chinois avec le Yi King, le signe abstrait est disponible pour toute interprétation hermétique. L'Écriture fut le premier refuge d'un dieu sans visage. Au-delà de la parole fragile et subjective et en l'absence prudente de toute image, l'écrit est la première apparition sensible du dieu, sa seule évidence et son conservatoire. Elle devint son lieu de culte et ses supports, la Torah ou le Coran, des temples universels indépendants de toute localisation. « Les lettres hébraïques furent, au début de notre ère, considérées comme saintes. Les textes en caractères hébraïques ne devaient pas être détruits mais enterrés. Les livres hors d'usage comme les documents devenus inutiles étaient donc enterrés au cimetière. En attendant leur enterrement, ces livres étaient placés à part, généralement dans une armoire de la synagogue[6]. » La *gueniza* est une salle où les manuscrits fautifs sont relégués avant leur enterrement. On sait avec quel soin les scribes doivent copier la forme des lettres et particulièrement le Tétragramme, nom intime de Dieu, qu'on ne trace qu'avec crainte : « Tous les détails devaient être précisés et un petit traité, *Masseket sefer Tora*, mis par écrit vers le VIe siècle, explique longuement sur quelles peaux, avec quelle forme de réglure, avec

6. C. Sirat, *Du scribe au livre. Les Manuscrits hébreux au Moyen Âge*, Paris, CNRS éd., 1994, p. 13.

quelle encre doivent être fabriqués et écrits les rouleaux de la Torah[7]. »

יהוה

Le support est un objet de culte mais c'est bien l'écriture qu'on adore : on doit suivre le texte des yeux à l'aide du *yad*, ce stylet en forme de main qui évite de souiller le rouleau. À l'opposé du Coran, la Torah n'est pas nécessairement apprise par cœur : le contact avec la matérialité de l'écriture est irremplaçable. Le premier monothéisme universel, sans images et dans le silence de Dieu, reporte toute la sacralité non sur le texte, mais sur l'écriture elle-même, cette abstraction sans maître.

Rien de tel avec le Nouveau Testament. Le Chrétien ne rend un culte ni au support ni à l'écriture. Le texte doit être respecté dans son sens mais non dans sa forme. Il peut être traduit dans une autre langue, écrit dans n'importe quelle écriture, sur n'importe quel support, imprimé même. L'Évangile en anglais sur Internet est toujours l'Évangile, pas la Torah ni le Coran. Que s'est-il passé ? Un débrayage qui arrache le texte de sa matérialité. Ce qu'ont inauguré les Chrétiens, c'est la désacralisation de l'Écriture sainte dans sa forme matérielle. On dirait en termes informatiques qu'ils ont inventé la « portabilité »

7. *Ibid.*

du texte saint, qui n'est plus « propriétaire » mais classé dans les *creative commons.*

L'écriture du Coran relève d'une autre spiritualité. Ici c'est la parole du prophète qui est sacrée. Il n'y a pas d'autre Écriture que l'écriture du Coran : consubstantielle avec Dieu, elle est dite « incréée ». La voir est pure extase, c'est dans les formes de l'écriture que s'expose la divinité, mais elle ne s'y confond pas. Pour les Musulmans, le Coran est la manifestation sensible de la parole de Dieu. Mahomet n'est que le Prophète, Dieu, c'est le Coran. Si le Coran est la parole de Dieu, son vrai support c'est la langue arabe et le Coran d'abord une œuvre à réciter. La version écrite du Coran n'est qu'une application. Sa sacralisation n'est donc pas liée à son support, mais là où elle se trouve, elle sacralise son support par imprégnation. Le support de l'écrit est objet de respect, voire de vénération, mais pas d'adoration. Les pages du Coran apparaissent encadrées, pour signifier que leur espace n'est pas le nôtre. Le sacré n'est plus dans le tracé de la lettre ni dans son support, mais dans l'espace où elle vient s'inscrire. La calligraphie, variable à l'infini jusqu'à devenir illisible, rend compte de ce respect.

Écritures incorporées

Chez les Yi du Yunan, la parole et l'écriture forment un couple qui renvoie à deux moitiés sexuées. Aurélie Névot explique : « Éteint sur le papier, l'écrit s'anime grâce à la voix[8] ». La transmission des textes sacrés se fait le plus souvent par répétition orale ou rumination. Chez les Yi, la transmission se fait par le recopiage par le maître pour le disciple, avant de se faire par le recopiage par l'apprenti pour lui-même. Le scribe doit s'imprégner de la force de l'écriture. L'écriture doit pénétrer dans son corps. Njoya a «bu» l'écriture après avoir lavé la planchette sur laquelle les signes étaient tracés. L'apprentissage de la Torah au Moyen Âge en offre un autre exemple : « Le maître lisait chaque mot à haute voix et l'enfant répétait. Ensuite on enduisait l'ardoise de miel et l'enfant la léchait, assimilant ainsi physiquement les mots sacrés. On inscrivait aussi des versets bibliques sur des œufs durs que l'enfant mangeait après les avoir lus au maître à haute voix[9]. »

Le bouddhisme aussi engendra des écritures sacrées, mais, comme nous l'avons dit des écritures indiennes, c'est de vibrations qu'il s'agit. L'écriture n'est que la forme visuelle d'un souffle primal. La lettre n'est pas la représentation de la langue, mais une de ses manifestations. C'est en écriture brahmi, mère des écritures indiennes, que Brahma inscrivit sur des feuilles d'or le texte sacré des Védas, non pour les lire mais pour les réciter en sanscrit. De cette écriture brahmi dérivèrent

8. A. Névot, 2008, p. 96.

9. F. Esak, *Coran, mode d'emploi*, [2002], Albin Michel, 2004.

la *gupta*, la *devanagari*, la variante tibétaine, mais aussi une écriture rituelle appelée *siddham*, abandonnée en Inde après le XIe siècle, relayée ensuite par les bouddhistes chinois, tibétains, japonais et coréens.

Pour comprendre la conception indienne de l'écriture, il faut avoir recours à la notion de « syllabe sacrée » ou « primale », qui se dit aussi en anglais *seed syllable* : la syllabe-graine. Cette syllabe riche en voyelles sourd de notre corps depuis ses profondeurs et nous fait communiquer avec le cosmos. Il ne s'agit pas de voix, encore moins de paroles et moins encore de langue. La syllabe « primale » peut aussi bien s'exhaler par une trace écrite que par l'émission d'un son. L'écriture sacrée indienne prolifère sous forme de « charmes » et de « sorts » en innombrables drapeaux et feuillets de papiers couverts de signes d'écriture. Écriture et langue y consomment une parenté fusionnelle, très éloignée de la logique alphabétique.

Ce n'est pas en Inde, mais en Chine que le bouddhisme connut son essor. Or, l'écriture chinoise n'a rien de commun avec les écritures indiennes, elle en est même l'opposé. C'est un signe d'abord graphique dont l'interprétation vocale est secondaire. En Chine, puis au Japon et en Corée, l'écriture du sanscrit dite *siddham* a reçu une fortune inattendue et paradoxale, car c'est sous sa forme purement calligraphique qu'elle y a trouvé sa voie. Elle y est à l'honneur dans plusieurs branches du bouddhisme et pratiquée par les plus grands calligraphes. Elle connaît aujourd'hui un regain de vogue jusqu'à servir de logos imprimés sur des tee-shirts [10]. L'écriture *siddham* produisit, notamment au Tibet, de merveilleux assemblages de caractères, appelés « guirlandes de lettres », d'innombrables amulettes couvertes de signes d'écriture et de mandalas abstraits. L'origine divine de l'écriture lui confère une autorité indéracinable, hors du temps. Son système codé la couvre de mystère. Elle fascine. Cc n'est pas un outil de lecture mais un support de méditation ou d'intimidation.

Il y a des écritures à lire et des écritures à contempler. Ceci est vrai de toutes les écritures, comme en témoignent l'écriture de nos publicités et les indéchiffrables tags ou graphes qui couvrirent les métros de New York avant d'être pratiqués à travers les cités modernes, presque comme un sport.

10. J. Stevens, *Sacred Calligraphy of the East,* Echo Point Books & Media, London, 1995.

V … Écritures universelles

La malédiction de Babel frappe aussi les écritures. Mais, alors qu'il existe des milliers de langues, les systèmes d'écritures aujourd'hui utilisés dans le monde pour les figurer ne se comptent que par dizaines. Trois familles : latine, arabe et chinoise, couvrent presque toute la planète bien que certaines régions, dans l'Europe de l'est ou l'Asie du sud-est en conservent une plus grande variété. La recherche d'un système unique semblait donc à portée humaine et beaucoup s'y sont épuisés.

La plus récente tentative vient-signe des temps-non d'un linguiste mais d'un graphiste, le dessinateur humoriste Jean Effel (de son vrai nom François Lejeune), qui illustra les journaux populaires de la France d'Après-guerre. Jean Effel présenta au Xe congrès de l'Association typographique internationale, en 1967, un « avant-projet d'écriture universelle ». Il constatait avec raison la prolifération des pictogrammes et des symboles dans tous les domaines : signalétique, médical, technique, géographique, typographique même, que le monde entier avait adoptés d'emblée, comme le code de la route ou les signes mathématiques. Ce dessinateur, dévoué aux causes humanitaires, semblait leur dire « signes graphiques de tous les pays unissez-vous ! » Il les classa en plusieurs tableaux et tenta de les assembler en phrases. À ce riche vocabulaire manquait hélas une syntaxe et il se heurta aux mêmes obstacles qu'avaient rencontrés avant lui tous ceux qui s'étaient aventurés à imaginer des écritures que quiconque pourrait lire quelle que soit sa langue.

L'illusion de l'écriture imagée

L'image, accessible à tous, pouvait sembler une bonne base. Il n'en est rien. Outre les adverbes, conjonctions et interjections, elle ne sait traiter les flexions et les conjugaisons que par des signes diacritiques convenus. De plus, tout système iconique achoppe sur l'écriture des noms propres. Peut-être identifiera-t-on bientôt les personnes par leurs empreintes digitales ou la représentation de leur code génétique, mais actuellement seule l'oralité rend compte des innombrables noms propres. C'est d'ailleurs à cette particularité que Champollion dut d'avoir pu déchiffrer les hiéroglyphes, après avoir repéré ces noms grâce au cartouche qui les entoure et admis l'idée que ce qu'on prenait pour des images comportait aussi des signes phonétiques. Pour figurer la langue, les images, outre que leur signification est désespérément factuelle et fluctuante, ne suffisent pas. Swift, en 1726, avait ridiculisé l'idée d'un langage qui montrerait des choses plutôt qu'il n'en prononcerait les mots :

« puisque les mots ne servent qu'à désigner les choses, il vaudrait mieux que chaque homme transportât sur soi toutes les choses dont il avait l'intention de parler... [Mais] lorsque les sujets de conversation sont abondants et variés, l'on peut être forcé de porter sur son dos un ballot très volumineux des différentes choses à débattre, quand on n'a pas les moyens d'entretenir deux solides valets à cet effet[1]. »

La poursuite des écritures par l'image hanta tout le XVIe siècle. L'invention de la gravure, qui permettait de les imprimer, incitait à considérer chacune d'elle comme un mot ou une formule, donnant naissance à des dictionnaires iconologiques, des répertoires d'emblèmes et d'allégories, et invitait à composer de véritables textes en images comme celui que présentait en 1499 *le Songe de Poliphile* de l'humaniste Francesco Colonna. Les hiéroglyphes fascinaient les érudits qui en avaient perdu le mode d'emploi. On baptisait « secrètes » ces écritures, faute de pouvoir en donner une lecture. La publication en 1543 de l'*Orus Apollo*, manuscrit mystérieux qu'on disait avoir été découvert dans l'île d'Andros en 1419, prétendait donner la traduction littérale d'imaginaires hiéroglyphes et Valeriano Bolzani publia à Bâle en 1556 son gros livre *Hieroglyphica*. L'image, indocile, inépuisable, résiste à l'écriture tant qu'elle demeure dépourvue d'un code.

1. Swift, *Voyage à Balnibarbi*, ch. V.

Après les voyages de Matteo Ricci, le récit d'un autre Jésuite, Nicolas Trigault, *Histoire de l'expédition chrétienne en Chine*, publié en 1610, offrait un nouvel espoir d'écriture unique grâce aux idéogrammes chinois, qu'il appelait « hiéroglyphes » et qu'il avait vus, avec stupeur, lire en différentes langues. L'omniscient Athanase Kircher, autre Jésuite, s'attacha à leur déchiffrement. Il constitua dans *Turris Babel* des répertoires d'alphabets, puis, dans son *Polygraphia* (1663) rangea en colonnes les mots de plusieurs langues. Tallemant des Réaux raconte dans ses *Historiettes*, qu'un avocat polyglotte nommé des Vallées avait présenté à Richelieu une « langue matrice dont pourrait découler une écriture universelle » ; Richelieu n'ayant pas donné suite, nous ne connaîtrons jamais le secret de des Vallées. Un certain Jean Drouet aurait présenté au roi, en 1627, sans plus de succès, une « écriture universelle admirable pour ses effets très utiles à tous les hommes de la terre. » Il est probable qu'il partait du même principe que Kircher, si l'on en croit la critique qu'en fit Descartes : « Toute l'utilité que je vois qui peut réussir de cette invention, c'est pour l'écriture : à savoir qu'il fît imprimer un gros dictionnaire en toutes langues auxquelles il voudrait être entendu et mît des caractères communs pour chaque mot primitif, qui répondissent au sens et non pas aux syllabes[2]. »

2. Lettre au Père Mersenne, 20 novembre 1629, dans R. Descartes, *Œuvres et lettres,* (coll. La Pléiade), p. 911.

La querelle du geste et de la voix

Quelques années plus tôt, en 1620, l'Espagnol Juan Pablo Bonet avait imaginé une « réduction des lettres à leurs éléments primitifs » pour enseigner à parler aux sourds-muets. Dans la préface de son manuel fondateur, *Véritable manière d'instruire les sourds-muets* (1784), l'abbé de l'Épée raconte une touchante anecdote : comme précepteur, il eut la charge de deux jumelles sourdes-muettes. Il s'aperçut alors avec surprise que les deux sœurs, ignorantes de toute langue, communiquaient fort bien entre elles par des gestes. Il conçut alors une méthode qui « ferait entrer par les yeux ce qui entre d'ordinaire par les oreilles. » On pourrait croire qu'une écriture des gestes se passerait de la langue et deviendrait ainsi une sorte d'écriture universelle. Il n'en fut rien : L'expérience avait ses limites car le système de communication ne fonctionnait qu'entre les jumelles et entre elles seules. Il existe aujourd'hui plus d'une centaine de langages des signes, chaque langue réclamant le sien. La méthode de l'abbé de l'Épée se heurta violemment aux croyances en la supériorité de la voix, qui repose sur l'autorité d'un « souffle originel ». La langue des signes fut condamnée par les « oralistes » dans leur Congrès de Milan de 1880. On lui trouva plusieurs chefs d'accusation : elle diffusait la tuberculose, elle prêtait à l'indécence et elle violait le caractère divin de la langue. Devant l'échec de l'oralisme, elle fut réhabilitée et à nouveau enseignée après 1909.

L'impasse des chiffres

La langue, par le moyen de dictionnaires multilingues, résistait mieux que l'image et le geste, comme principe des écritures universelles. Le développement du commerce l'exigeait. Un marchand écossais, John Lodwick, mit au point une première indexation de vocabulaires polyglottes, *A Common Writing*, en 1647. Il n'évitait pas, hélas, les signes diacritiques pour marquer les conjugaisons, les abstractions et passer de *homme* à *humain*, puis à *humanité, humanitaire, humainement*, etc., ce qui rendait son système inapplicable. Cave Beck en 1657 (*A Universal Character)*, Becher de Spire (*Character pro noticia linguarum universali*) s'y noyèrent. Un professeur d'Oxford, John Dalgarno, fit un grand pas, la même année, dans son *Ars Signorum* en utilisant des arborescences pour regrouper des liasses de mots, ce qui fait dire à Umberto Eco qu'à défaut d'écriture universelle, il inventa le concept si à la mode aujourd'hui d'hypertexte voire de *cloud*[3]. Pour indexer ces listes interminables, le prodigieux Leibniz, en bon bibliothécaire, orienta ses recherches sur les anciens arts combinatoires qui, en permutant les chiffres, autorisaient des possibilités d'indexation infinies. Son idée était de traiter les éléments du discours comme une équation mathématique : « les caractères

3. U. Eco, *La Recherche de la langue parfaite,* Le Seuil, 1994, p. 296.

et les paroles mêmes y dirigeraient la raison, et les erreurs, exceptées celles de fait, ne seraient plus qu'une erreur de calcul[4] ». Descartes avait déjà expliqué cela au Père Mersenne afin d'introduire dans les langues et l'écriture « un ordre entre les pensées qui peuvent entrer dans l'esprit humain de même qu'il y en a entre les nombres. » Leibniz n'avait que 19 ans lorsqu'il écrivit en 1666, sa *Dissertatio de arte combinatoria*, idée mise à profit par le savant évêque de Chester John Wilkins, dans son *Real Character* en 1668. Wilkins regroupe les mots en « genres », « différences » et « espèces », mais toujours accompagnés de signes « adjacents » qui en multiplient les combinaisons. Wilkins est connu pour avoir inventé plusieurs systèmes d'écritures secrètes dans son *Mercury* (1641). Le principe en repose sur des figures géométriques dont les coordonnées une fois mesurées peuvent être reportées sur des règles graduées selon des alphabets. L'écriture se déduit de la distance entre chaque lettre, indiquée dans des surfaces, des lignes ou des points.

4. L. Couturat, *La Logique de Leibniz d'après des documents inédits*, 1985, p. 471 sqq.

John Wilkins, *Mercury*, 1641.

La logique qui consiste à vaporiser les mots en larges catégories qu'il suffit ensuite de chiffrer pour aller les retrouver dans d'immenses tables de concordance propres à chaque langue, connut son déploiement extrême dans la *Pasigraphie* de Joseph de Maimieux, officier français émigré en Allemagne qui occupa ainsi son exil et la publia à Paris en 1797. Douze caractères inventés par lui génèrent une infinité de combinaisons. Grâce à ces quelques caractères on retrouve dans un « cadre », puis dans la bonne « colonne », puis la bonne « tranche », puis la bonne « ligne », enfin, le mot recherché. Il faut pour cela savoir manipuler un « indicule » puis un « petit nomenclateur » et enfin un « grand nomenclateur ». Le système de Maimieux n'échappe ni à la langue ni à la morale de son temps : il se permet d'ajouter cinq « accents » : le « noble », « l'avilissant », le « métaphorique » « l'ironique » et « l'ordre ». Il est par ailleurs incapable de noter les noms propres, sauf à pratiquer un jeu complexe de devinette.

Ces tables interminables peuvent exister pour chaque langue dont chaque mot est trouvé à partir du chiffre commun. Ce système ne paraît extravagant que pour l'époque qui le vit naître. De nos jours, les ordinateurs exécutent ces recherches en une milliseconde et les codes-barres ne font rien d'autre que de laisser les machines chercher la bonne information dans le bon index. Le « flashcode » fait mieux, il connecte directement les machines entre elles pour afficher aussitôt le bon service à sa bonne adresse. L'écriture alors fait appel à une cascade de codes. Joseph de Maimieux ne pouvait le prévoir mais son ami, le comte de Firmin-Périès, grand maître des cuisines et chambellan du duc de Wurtemberg, en fit une application pour le tout nouveau télégraphe que Chappe venait d'inventer en 1793. Il suffisait d'affecter un des douze signes pasigraphiques à une position des bras articulés du télégraphe pour transmettre n'importe quel message et le lire, grâce aux « nomenclateurs » de Maimieux, dans n'importe quelle langue. La *Pasitélégraphie,* impraticable à l'époque en raison de la lourdeur des index, préfigure les protocoles des transmissions optiques à distance, auxquelles nos messageries électroniques se soumettent et qu'on nomme « métadonnées », à savoir : l'annonce de l'expéditeur au destinataire pour s'assurer de sa présence et de sa bonne réception (qui commence avec l'indispensable « allô ? » téléphonique), des codes et des formats utilisés, de l'heure et de la date de l'envoi du message et de l'authenticité de sa signature. Ces conditions d'écriture ont pris une telle importance de nos jours qu'elles prennent parfois plus de valeur, juridique ou commerciale, que les messages eux-mêmes. On disait jadis aux archivistes qu'en cas d'incendie, le premier livre à préserver était leur catalogue. On dit aujourd'hui que ce qu'il faut d'abord garder d'un fonds électronique, ce sont ses métadonnées. Hélas, Maimieux ignorait encore l'informatique.

Les pasigraphies se multiplièrent au XIXe siècle : *Steproquadrifidgraphie* de Jean-Martin Duvernois (1846), *Pasigraphie alphabétique* (1858) et *Stœchiophonie* (1861) de Jean-François Parrat, *Idéographie naturelle*, d'Armand de Vertus (1868), etc. Elles sont allées rejoindre dans le ciel des utopies les écritures imaginaires comme le « tengwar », rendu célèbre par le *Seigneur des anneaux* (1954) de J. R. Tolkien, composées pour les langues tout aussi imaginaires. Maimieux avait aussi inventé une « pasilalie », langue universelle qui ne nécessitait pas moins de 42 lettres.

Seule des langues universelles, l'espéranto continue d'avoir un certain succès, mais traîne ses origines latines comme un péché originel. On a rêvé aussi que la forme des lettres serait née d'une configuration « naturelle », et par conséquent universelle. Dans *Histoires comme ça,* Kipling en a fait un conte charmant : « Comment s'est fait l'alphabet ». Il imagine la petite Taffy dessinant un A en regardant les bouches des carpes et le S en dessinant un serpent. L'hypothèse ne résiste pas à l'expérience. Il est permis de penser que l'informatique a brusquement rendu caducs ces trésors d'ingéniosité. Il est aussi permis de penser qu'elle en est le couronnement. Leurs expériences ne furent donc ni inutiles ni insignifiantes : elles nous apprennent que l'écriture ne peut être réduite ni par la langue, ni par l'image ni par les nombres. Aucune de ces origines prise séparément ne suffit à définir le propre de l'écriture, qui résulte d'une émulsion (et non d'une fusion) de codes : gestuel, visuel et verbal.

VI … Écritures conquérantes

L'écriture forge une autorité à l'abri de laquelle on peut domestiquer le monde. « Le seul phénomène, dit Claude Lévi-Strauss, qui de tout temps et partout semble lié à l'apparition de l'écriture […] est l'établissement d'une société hiérarchisée composée de maîtres et d'esclaves et où une partie de la population est faite pour travailler pour l'autre partie[1]. » L'ethnologue doit convenir que l'écriture n'est pas seulement un moyen de communication entre les hommes mais un moyen de domination : « Si mon hypothèse est exacte, il faut admettre que la fonction primaire de la communication écrite est de faciliter l'asservissement…[2] » L'ordre de l'écriture réduit le désordre du monde. Elle organise les dominations. Elle permet aussi, au fil de son histoire, ses émancipations.

Des côtes de l'actuel Liban, l'écriture alphabétique, encore limitée aux consonnes, s'embarqua vers les comptoirs que les

1. G. Charbonnier, *Conversations avec Claude Lévi-Strauss,* London, Jonathan Cape, 1961, p. 29-30.

2. C. Lévi-Strauss, *Tristes Tropiques,* Plon, 1955, p. 352-354.

Phéniciens avaient installés sur les rives de la Méditerranée, dans les îles de la mer Égée et en Grèce, qu'elle atteignit à la fin du VIIIe siècle av. J.-C. L'histoire de l'écriture des langues s'apparente alors à une Odyssée : elle va d'île en île, et, encore malléable comme une argile fraîche, y prend des formes diverses. Dans l'île de Corcyre, la lettre O est un carré. Bientôt, chaque île eut son écriture, compromettant ses principaux avantages : l'unité et la stabilité. L'écriture, devenue impeccablement linéaire comme la parole, n'a pas encore choisi sa direction : elle va tantôt de gauche à droite, tantôt l'inverse, parfois en lignes concentriques, s'adaptant aux formes courbes des objets, en colonnes, parfois même en spirale (comme le disque de Phaistos) ou en boustrophédon, une ligne dans un sens et la suivante en sens inverse comme un chemin de montagne. Cette diversité nuisait à l'efficacité de l'écriture à une époque où l'union des cités grecques était la seule réponse à la redoutable unité perse. En 403 av. J.-C., Athènes mit tout le monde d'accord par un édit, en adoptant comme norme l'écriture ionienne. Le mur de Gortyne et son écriture « carroyée » (chaque lettre inscrite dans un carré) avait donné le ton de cette écriture géométrique d'une parfaite lisibilité. C'est une écriture publique, une écriture proclamée, une loi de marbre, inflexible, mais aussi un cadeau offert à la démocratie par sa neutralité même.

La décisive émancipation de la voyelle

Les Grecs apportent une nouveauté : la notation séparée des voyelles, héritage de la Crète et non du phénicien. Cette dissection du phonème achève l'abstraction de l'écriture. La consonne isolée n'est pas prononçable. L'écriture de la langue coupait tous les ponts avec ses attaches sensibles, en l'occurrence le phonème. Il est frappant de constater qu'à la même époque apparurent en Grèce les statues de Zeus ou d'éphèbes, anatomiquement irréprochables, délivrées de tout hiératisme, comme si le réalisme intégral de l'image était la contrepartie de l'abstraction absolue du texte. Le système des images et celui de l'écriture, bien qu'indissociables dans leur forme, fonctionnent désormais sur deux registres distincts, incompatibles. L'écriture doit être apprise, l'image doit être ressentie.

Ce triomphe de l'abstraction eut des répercussions considérables. Elle n'est pas pour rien dans la diffusion de cette autre abstraction qu'est la monnaie, apparue en Asie mineure peu avant 600 av. J.-C., dans les débuts de la cartographie ou dans le développement de la géométrie. Elle eut pour corollaire l'opposition devenue classique entre la lettre et l'image que l'Occident a tant de peine à surmonter. L'image, libre de tout code, de toute schématisation ou de tout symbolisme, put se vouer à un réalisme illusionniste, dogme de l'art académique qui fit loi en Occident jusqu'au XIXe siècle, jusqu'à ce que la reproduction mécanique des images ne viennent y semer le trouble. L'image n'est pas une écriture, certes, mais la *reproduction* des images peut en devenir une, par la photographie et les possibles enregistrements illimités et combinatoires des fichiers électroniques.

Les premiers pas de l'écriture latine

Venant de la Grèce, cette écriture désincarnée aborda les côtes italiennes à Cumes, près de Naples, où, vers 750 av. J.-C., s'étaient établis des Grecs de l'île d'Ischia. Ils commerçaient depuis longtemps avec les Étrusques qui dominaient la Campanie. Vers 700 av. J.-C., les Étrusques reproduisaient scrupuleusement une écriture grecque, que l'on ne peut toujours pas lire car on en ignore encore la langue. Les alphabets « italiques » se répandirent en se diversifiant dans la Péninsule comme ils l'avaient fait dans les îles, en Vénétie, en Ombrie, chez les Messapiens en Calabre, les Sicules en Sicile, les Falisques de la côte ouest, les Picéniens de la côte est, les Osques du sud. Aux frontières du nord ils rencontrèrent les pratiques rituelles des runes hongroises et germaniques[3].

Plus tard, au IIIe siècle apr. J.-C., dans la région du Languedoc, l'écriture latine apparut

3. M. Cohen, 1963, p. 197.

dans la Gaule romanisée, avec les graffitis trouvés sur l'oppidum d'Ensérune et celui de Pech Maho, près de Sigean. Les Gaulois avaient, comme partout, des pratiques graphiques, mais pas d'alphabet.

L'histoire de l'écriture latine en Europe, se confondit alors avec celle de l'Église chrétienne, liée à la religion au point qu'on ne sut plus en concevoir d'autre modèle. L'écriture latine unifia les peuples celtes qui parlaient le cornique, le gaélique ou le gallois, et les peuples gaulois qui avaient de nombreux dialectes. On estime que l'écriture latine a été ensuite utilisée par un millier de langues, du Mexique à Madagascar. Elle a cours à Goa, îlot chrétien assiégé par une Inde aux multiples écritures. C'est ainsi que les conquérants firent écrire avec l'alphabet latin le tagalog aux Philippines, où l'on dénombre 170 langues, et le malais en Indonésie, où l'on en compte 670.

Des écritures sous surveillance

L'écriture phonétique est devenue pour nous une seconde nature. Les désirs d'écriture universelle apparurent au XVIIe siècle lorsqu'on découvrit qu'elle n'était pas la seule au monde. Les missionnaires qui l'exportaient étaient persuadés qu'il n'y avait qu'une seule écriture et qu'elle était superposable à la langue. C'est une écriture liturgique de prières et de formules, non de dialogue. L'écriture latine fut imposée par les missionnaires, sous le signe de la croix, accompagnés par les armées et leurs drapeaux, aussitôt suivis par les marchands et leur monnaie. La latinisation du Nouveau Monde en est l'illustration. Les Jésuites chez les Hurons, les Récollets chez les Micmacs du Québec, s'apercevant que les Indiens faisaient des marques avec du charbon sur de l'écorce de bouleau, imaginèrent qu'en affectant une valeur phonétique à ces signes, ils apprendraient aux sauvages à lire leurs prières [4]. S'appuyant sur la tradition pictographique des cultures amérindiennes, le Père Leclercq en 1675 voulut forger un alphabet phonétique. George Guess, dit Sequoyah (1776-1843), petit-fils d'un chef Cherokee, est célèbre pour avoir développé avec le Révérend Samuel Worcester un système d'écriture en 85 glyphes adaptés à la langue cherokee, dont les caractères furent fondus à Boston en 1829. Le missionnaire méthodiste James Evans (1801-1846) fournit un syllabaire aux Cree. Un autre missionnaire, Edmund Peck, mit au point un syllabaire pour transcrire la langue des Inuits en 1856.

Le malentendu était total. L'usage de l'écriture telle qu'elle est pratiquée en Europe inspirait chez les Indiens autant de méfiance que de respect : « Ils s'imaginent qu'il y a de l'enchantement et de la jonglerie, ou que cette lettre a de l'esprit puisque, disent-ils, elle a la

4. Ch. Leclercq, *Nouvelle relation de Gaspésie* [1691], éd. critique par Réal Ouellet, Montréal, 1999, p. 316.

Écriture des Micmacs recomposée
par les missionnaires

vertu de dire à celui qui la reçoit tout ce qui se dit et tout ce qui se fait de plus caché et de plus secret[5]. » La distance entre les deux conceptions de l'écriture est illustrée par l'anecdote de cette Indienne qui objecta à un missionnaire lui reprochant d'avoir recours à la pyromancie : « Écoute, Dieu a partagé différemment les hommes : à vous autres Français il a donné l'écriture, par laquelle vous apprenez les choses qui se passent loin de vous, comme si elles vous étaient présentes ; pour ce qui est de nous, il nous a donné l'art de connaître par le feu les choses absentes et éloignées. Suppose donc que le feu, c'est notre livre, notre écriture ; tu ne verras pas qu'il y ait de différence et plus de mal dans l'un que dans

5. Ch. Leclercq, *op. cit.*, p. 319.

l'autre. Ma mère m'a appris ce secret pendant mon enfance, comme tes parents t'ont appris à lire et à écrire[6]. »

Les conséquences de cette incompréhension furent dramatiques, comme l'a montré le sociologue des textes Donald Mc Kenzie dans sa remarquable étude sur *Le Traité de Waitangi*, signé entre les Anglais et les Maoris en 1840. Le 6 février 1840, 46 chefs maoris ont "signé" le traité par lequel ils cédaient à la Reine d'Angleterre « absolument et sans réserve », « *all the rights and powers of sovereignty* » sur leurs territoires. Le texte écrit de ce traité fut lu à haute voix et le mot *sovereignty* a été traduit par un mot maori qui se rapporte plutôt à une sorte d'administration qu'ils connaissaient entre eux, et non à un transfert pur et simple de pouvoir et de propriété. Les Maoris se trouvèrent pris à ce piège. Leur langue était abusée par l'écriture, et, de plus, par une pratique ignorée d'eux : la signature. Les Maoris, au cours d'un long procès, ont entrepris de dénoncer ce contrat inique[7].

Les écritures non alphabétiques ont été si peu prises en compte par les Européens que les objets africains portant de tels signes sont

6. J.-F. Lafitau, *Mœurs des sauvages américains...*, Paris, Saugrain, 1724, t. 1, p. 387-388.

7. D. Mc Kenzie, "Oral culture. Literacy and Print in Early New Zealand : the Traity of Waintangi" dans H.-E. Bödeker (dir.), *Histoires du livre, Nouvelles orientations...*, Maison des sciences de l'homme, 1995, p. 349-352.

conservés dans nos musées, remarque Estelle Girard-Desombre, spécialiste de l'écriture bamum, comme des objets et non comme des textes. Les Bamum, peuple du Cameroun, possédaient l'écriture inventée par Njoya, qui fut leur roi jusqu'en 1931[8]. Il entretenait de bons rapports avec l'Allemagne, sa puissance tutélaire : le pasteur Göhring recueillit ce syllabaire complexe de 346 signes. En 1913, Njoya décida de le faire graver en bois, ce qui fut un échec, puis fondre par un de ses orfèvres qui cisela environ 160 signes. En 1920, tout était prêt pour imprimer le bamum, même une presse que Njoya s'était fait fabriquer. Hélas Njoya avait affaire alors à l'administration française, qui succéda aux Allemands en 1917. Ses rapports furent aussi exécrables avec les Français qu'ils avaient été cordiaux avec les Allemands. En 1920, l'administration française fit fermer ses écoles et interdit l'usage de l'écriture bamum. Njoya, exilé à Yaoundé, y mourut en 1933.

Les écritures inventées aux XIXe et XXe siècles sont nombreuses dans l'Afrique occidentale : au Libéria et en Sierra Leone, jusqu'au Mali, en Guinée et en Côte d'Ivoire[9]. L'une des plus anciennes, l'écriture *vaï*, inventée vers 1833, fut le fait de missionnaires et d'administrateurs coloniaux pour des raisons

8. C. Tardits, *Le Royaume Bamoum*, Armand Colin, 1980.

9. D. Dalby, *L'Afrique et la lettre*, éd. Karthala, 1986.

de prosélytisme. Ces écritures puisent leur source dans les écritures arabes aussi bien que latines, assorties de pictogrammes et logogrammes. La Bible et le Coran ont été traduits en *vaï* dès le milieu du XIXe siècle et une écriture wolof fut encore créée en 1961. Vers 1960, un jeune intellectuel de Côte d'Ivoire, Frédéric Bruly-Bouabré a créé une écriture pour sa langue *bété*, inspirée par les signes de petites pierres. Il existe des écritures spécifiquement africaines, notamment chez les Éthiopiens et les Berbères, et certains sont persuadés que les Peuls, pour qui on inventa une écriture en 1966, en possédaient avant l'arrivée des Arabes. Les lettrés africains s'interrogent pour savoir s'ils doivent revendiquer ces écritures comme les leurs et accuser le colonisateur de les avoir écrasées, ou reconnaître leur caractère exogène et assumer l'oralité comme véhicule principal de leurs cultures [10].

Écritures des déserts

Les Hébreux avaient rapporté de leur exil à Babylone l'araméen, dont l'hébreu dit « carré » est resté le plus proche parent. Issue encore de l'araméenne, l'écriture des Nabatéens, ces « rouliers du désert » comme on les a appelés, est l'ancêtre de l'écriture arabe. L'araméen se substitua peu à peu aux écritures dites sud-arabiques qui avaient déjà un long

10. S. Battestini (dir.), 2006 (préface).

passé. Dès le IXe et le VIIIe siècle avant J.-C., des écritures alphabétiques étaient présentes en Arabie du sud, sur pierre ou sur des plaques de métal, contemporaines des premières écritures méditerranéennes et sans doute déjà liées avec elles. Elles sont venues on ne sait comment, mais remontèrent la côte depuis le riche Yémen et « l'Arabie heureuse », vers l'Arabie du nord, à travers les déserts au long du Hedjaz. Sur les rochers, jusqu'en Jordanie et en Syrie, les inscriptions de tous les siècles abondent : invocations, commémorations ou simples graffitis laissés en témoignage par les pasteurs et les caravaniers. Ce ne sont plus des écritures de palais, mais des écritures d'oasis, écritures d'éleveurs nomades des montagnes désertiques, qu'on appelle dédarite, lihyanite, thamoudéen ou safaïtique. La capitale des Nabatéens fut Petra, en Jordanie, terminal des caravanes venues d'Arabie par le sud et par l'est, et à l'extrémité de la Mer Rouge, carrefour au débouché du Hedjaz vers Gaza et Alexandrie. Du IVe siècle av. J.-C. jusqu'au tremblement de terre qui détruisit la ville en 363, Petra draina les richesses de l'Orient. À l'époque romaine, Palmyre, oasis araméenne au nord de Damas, accueillant les caravanes de l'Inde et de la Chine, a supplanté Petra, imposant sa variante de l'araméen dite « palmyrénienne ». Une autre variante de l'araméen, dite « syriaque » s'est propagée vers l'est. On la retrouve dans les vestiges de la ville de Doura-Europos, à l'est de la Syrie près de l'Irak, où sont empilées sur les rives de l'Euphrate, depuis le IIIe siècle av. J.-C., les couches archéologiques de tous les peuples et de toutes leurs religions : on y compte une douzaine de temples dédiés à des dieux divers, une première maison chrétienne et une synagogue[11].

Ces étapes vers la mer furent les points de départ d'un tour du monde des écritures alphabétiques, et une ligne de partage entre les phéniciennes allant vers l'Occident, par les colonies des côtes méditerranéennes, et les araméennes vers l'Orient, par les oasis des routes dites de la soie.

Il y a plusieurs « routes de la soie ». La plupart, pour contourner les déserts du nord et les hauts sommets du sud, doivent emprunter les couloirs du Pamir pour rejoindre l'Ouzbékistan et ses grands centres de Tachkent et Samarkand, régions cosmopolites, riches en écritures, là où les alphabets issus de l'araméen « syriaque » rencontrèrent les idéogrammes chinois. Ils atteignirent la Chine au Ier siècle apr. J.-C., importés par les peuples de langue turque qui occupaient l'Asie centrale et le Turkestan chinois. Le pays des Ouïgours et l'oasis de Tourfan, situé au-dessous du niveau de la mer, étaient un passage obligé. Les Ouïgours avaient chassé les Turcs auxquels appartenait leur langue. Ils s'étaient approprié une écriture araméenne issue du syriaque. Ils

11. P. Leriche, G. Coquegniot & S. de Pontbriand, *Europos-Doura. Varia I*, Beyrouth, 2012.

furent des acteurs originaux dans l'histoire de l'écriture car, après avoir pratiqué la brahmi, écriture indienne, ils apprirent l'araméen et l'enseignèrent à leurs conquérants mongols, qui, tolérants et pratiques, avaient hérité de leur administration. Gengis Khan (1167-1227) soumit les Ouïgours et s'appropria leur écriture. Ses hordes mongoles étaient invincibles et illettrées. Pour doter son jeune empire d'une indispensable écriture, Gengis Khan avait le choix : les alphabets araméens qu'avaient importés les hérétiques, manichéens ou nestoriens, ou l'une des écritures des peuples auxquels il s'était frotté, Chinois ou Arabes. Il choisit l'ouïgour et c'est en langue mongole mais en écriture ouïgoure qu'il écrivit, en 1220, au roi de France Philippe-le-Bel, des lettres que conservent encore les Archives nationales à Paris pour lui proposer sa suzeraineté. Son successeur Koubilaï, s'étant converti au bouddhisme, fit venir un lama tibétain nommé Phags-Pa et lui demanda en 1269 de composer une nouvelle écriture inspirée du syllabaire tibétain, qu'on nomma *dürbäldjin* c'est-à-dire carrée. Cette tentative fut vaine et l'on reprit, au XIVe siècle, une autre forme ouïgoure plus convenable aux textes bouddhiques [12]. Koubilaï fut en correspondance avec le Pape, en écriture ouïgoure, et avec saint Louis, à la recherche d'une alliance contre les musulmans. L'islam

12. René Grousset, *L'Empire des steppes*, Payot, 1939, p. 367.

s'imposa et les Ouïgours écrivent aujourd'hui en caractères arabes, si bien que ce peuple est l'exemple d'un lit de Procuste où toutes les écritures ont couché.

L'arabisation des écritures suivit les routes de l'islam, comme la latinisation suivit la christianisation. L'écriture du Coran conquit rapidement le Proche et le Moyen Orient, l'Égypte et le Maghreb, où elle se heurta au berbère, mais s'étendit du Pakistan à l'Espagne. L'arabe devint l'écriture des Perses en Iran au IXe siècle, chassant les Vieux-Perses de religion zoroastrienne et leur écriture *pehlevi*. De même, c'est avec l'islam que l'écriture arabe s'étendit jusqu'aux peuples de Sibérie, d'Inde ou de Chine comme les Ouïgours. La place de la lecture du Coran, que chaque musulman doit réciter par cœur, donne à l'écriture un rôle capital, qui résista aux nombreuses tentatives de réformes de ses caractères. L'écriture du Coran entra souvent en conflagration avec l'écriture des chrétiens, notamment en Afrique, à Madagascar, en Asie du sud-est ou en Indonésie.

L'histoire des écritures indonésiennes est des plus troublées. Ses langues, inspirées du sanscrit, et ses premières écritures viennent de l'Inde du sud. L'islam y pénétra au XIIIe siècle, venant aussi de la péninsule malaise. Il importa l'écriture arabe jusqu'à l'arrivée des Hollandais, qui surgirent en 1511 avec leur langue et leur écriture latine. Un congrès linguistique tenu en 1928, chercha pour toute l'Indonésie une langue « unifiée ». Les bouleversements de la Première Guerre mondiale eurent des répercussions immédiates sur la géographie des écritures du monde. Le Congrès de Solo, près de Jakarta en 1938, instituait une langue commune à tous les Indonésiens. De 1942 à 1945, le japonais leur fut imposé de manière brutale et artificielle. Dès le lendemain de la défaite du Japon, en août 1945, l'Indonésie proclama son indépendance, affirmant sa propre langue en l'appuyant sur l'écriture latine, en dépit de la grande diversité linguistique et religieuse du pays.

L'écriture émancipatrice

L'hypothèse de Lévi-Strauss qui fait de l'écriture un outil de conquête est partiale. Autant qu'un facteur de domination, l'écriture est facteur d'indépendance. Lorsque la Roumanie s'affranchit de l'Empire ottoman et se déclara comme royaume autonome en 1881, elle changea d'écriture et adopta immédiatement l'écriture latine. Elle effaçait des siècles d'écriture slave, celle de son église mais pas celle de sa langue, d'origine latine. En Roumanie, les milieux intellectuels attendaient depuis longtemps ce changement et l'avaient parfois devancé. La Turquie, musulmane mais turcophone, a voulu marquer ses distances avec les pays arabes en choisissant délibérément l'écriture latine. Dans la Turquie ottomane, l'alphabet arabe, peu adapté à la langue turque, était l'objet de critiques. La révolution de 1908 vit naître une « Commission pour la réforme de l'alphabet » : 10,6 % seulement de la population était alphabétisée [13]. Mustafa Kemal fonda son pouvoir sur la laïcisation de l'enseignement et du régime. L'abandon de l'alphabet arabe lui aliénait la partie conservatrice des lettrés, mais lui permit en revanche de renouveler le personnel des fonctionnaires en les privant de leurs attaches religieuses. L'affaire fut menée rondement. Le nouvel alphabet fut présenté lors d'une grande réception à Istanbul, le 9 août 1928. Le 1er novembre la loi était promulguée, interdisant l'usage de l'alphabet arabe. Mustapha Kemal prit son bâton de pèlerin pour l'enseigner lui-même dans les préfectures, armé d'un tableau noir et vérifiant en public les progrès de ses fonctionnaires. En faisant du changement d'alphabet le fer de lance de l'indépendance, il se coupait certes des milieux islamistes, mais, du même coup, il imposait un seul alphabet aux minorités kurdes, arméniennes ou grecques, renforçant ainsi le pouvoir central. En 1911 ce fut au tour de l'Albanie d'adopter l'alphabet latin, pour remplacer les trois alphabets utilisés simultanément en concurrence, le grec, l'arabe et le latin, puis, en 1922 celui de l'Azerbaïdjan pour remplacer l'alphabet arabe.

13. B. Caymaz et E. Szurek, « La révolution au pied de la lettre. L'invention de "l'alphabet turc" », *European Journal of Turkish Studies*, n° 6, 2007.

L'Empire russe est, comme le dit James Février, « un Babel de langues », où l'écriture le plus souvent n'avait guère cours. La Révolution de 1917 se devait d'y porter remède, tant par l'alphabétisation des peuples que pour leur fédération avec l'URSS. Ces deux ambitions supposaient une double contrainte : la généralisation du russe comme langue officielle et le respect des langues nationales. Quant aux écritures, elles n'étaient pas moins diverses : ceux qui écrivaient utilisaient, selon les républiques, le cyrillique mais aussi l'arabe, le latin et même le chinois. On décida à Moscou que les trois grandes républiques russes fédérées, Russie, Ukraine et Biélorussie, garderaient le cyrillique, mais que le latin unifierait toutes les autres, à vrai dire presque jamais écrites. On multiplia d'abord les adaptations au latin de certaines langues, mais il fallut bientôt revenir sur ce kaléidoscope et adopter une démarche plus unitaire. Ce fut l'objet du Congrès tenu à Bakou en 1926. Le résultat fut un alphabet « unifié » de 105 caractères comprenant tous les caractères utilisés pour chacune de ces langues, après les avoir fixées. On élimina le cyrillique, écriture des Tsars et de leur politique impérialiste. Le choix se posait donc entre l'adoption de l'écriture arabe ou de l'écriture latine. La décision en faveur du latin fut d'ordre politique : comme en Turquie, il s'agissait de se détacher des religions, de rivaliser de plain-pied avec le capitalisme et de favoriser l'union du prolétariat international[14]. L'envolée identitaire des peuples sous la protection du latin fit long feu sous Staline. Après 1935, tous ces alphabets furent cyrillisés et ramenés dans le giron de l'écriture russe. La dislocation de l'empire soviétique raviva les pratiques anciennes : dans la ville sibérienne d'Oulianovsk, en 1997, on a dressé une stèle à la lettre Ë que Staline avait supprimée de l'alphabet[15].

La revanche d'Alexandre de Rhodes

Au Vietnam, au XVIIe siècle, pour évangéliser le peuple, des missionnaires catholiques développèrent une écriture appelée *Quoc Ngu* (écriture nationale), en caractères romains avec des signes diacritiques qui marquent les tons[16]. Alexandre de Rhodes, un Jésuite, publia à Rome en 1651 un dictionnaire franco-portugais-vietnamien[17]. L'écriture chinoise *Chu Nho*, adoptée par les classes dominantes, était l'écriture officielle, mais le *Quoc Ngu* demeura l'écriture du peuple.

14. E. Simonato-Kokochkina, « Choisir un alphabet, une question linguistique ? Discussions sur le choix des systèmes d'écriture en URSS (1926-1930) », *Cahiers de l'ILSLS*, n° 14, 2003, p. 193-208.

15. A. Melot, « Un monument pour une lettre », *Graphê*, n° 45, mars 2010, p. 9.

16. J. DeFrancis, *Colonisation and Language Policy in Vietnam*, Mouton, The Hague, 1977.

17. J. Roland, *Portuguese Pioneers of Vietnamese linguistics*, Orchid Press, 2002.

Pendant la colonisation française après 1884, les intellectuels utilisèrent le système latin *Quoc Ngu* comme véhicule de leur propagande anticolonialiste. Un décret du gouvernement français interdit en 1898 la presse en *Quoc Ngu* et ferma les écoles privées qui diffusaient des idées jugées subversives. Les autorités coloniales se trouvaient dans une inconfortable position qui les amenait à combattre les outils que leurs propres missionnaires avaient importés. Le *Quoc Ngu* dut être réhabilité en 1906, puis reconnu en 1918 comme système d'écriture officiel et l'usage des caractères chinois fut aboli. Après l'indépendance, le régime communiste critiqua l'œuvre d'Alexandre de Rhodes, mais l'usage du *Quoc Ngu* avait tellement été le catalyseur des forces révolutionnaires nationalistes, tellement servi pour éduquer les masses et lutter contre l'illettrisme, qu'une campagne en faveur de la réhabilitation de l'œuvre d'Alexandre de Rhodes fut menée depuis 1993. L'Agence des Missions étrangères à Paris affichait sa satisfaction dans la dépêche suivante : « Le Journal *Tuôt Tre* du 23 septembre 1995 a rendu publiques trois mesures émanant du ministre destiné à réhabiliter le P. Alexandre de Rhodes : une statue lui est consacrée dans la cour de la Bibliothèque nationale d'Ho Chi Minh-Ville, un séminaire d'étude lui est consacré au Centre national des sciences sociales et humaines, la rue qui portait son nom à Saïgon avant 1975 lui est redonnée à la place de celui de Thai Van Lung, avocat héros de la résistance.[18] ». Ces décisions ne furent pas sans provoquer des polémiques. Outre la question idéologique, l'écriture latine était aussi mal adaptée que possible à la langue vietnamienne et d'énormes aménagements durent être faits, mais, comme l'écrit Maxime Rodinson à propos de l'écriture arabe : « Quand il s'agit de remplacer une écriture par une autre, d'adopter une écriture, alors les facteurs sociaux sont beaucoup plus importants et les facteurs techniques ne jouent, pour ainsi dire, aucun rôle[19]. »

18. http://eglasie.mepasie.org/1995/octobre/vietnam/207/depeche12_3/

19. M. Rodinson, « Le monde islamique », dans *L'Écriture et la psychologie des peuples*, 1963, p. 263.

VII … Écritures résistantes

Quelques rares écritures : la latine, l'arabe et la chinoise, ont conquis la majeure partie de la planète. Pourtant, ces écritures dominantes se sont parfois heurtées à des peuples irréductibles, qui, contre vents et marées, n'ont pas cédé à la loi du plus fort. Pour des raisons géographiques autant que religieuses et politiques, elles sont concentrées en Europe centrale, en Inde, en Asie et en Océanie.

L'opposition séculaire entre l'église byzantine et l'église romaine a maintenu l'usage de l'écriture grecque contre l'écriture latine. Le moine philosophe Constantin-Cyrille décida, en 863, de doter les Slaves d'une écriture qui ne soit ni grecque ni latine. Savant bibliothécaire, il composa tout seul un alphabet scrupuleusement phonétique dont il dessina les 40 caractères inspirés du grec et de l'hébreu. Cet alphabet appelé « glagolitique » (d'un verbe slave qui signifie « parler ») fut utilisé pour enseigner les saintes Écritures aux Moraves (République tchèque actuelle) puis aux Bulgares. Le grand schisme de 867 scella la division des écritures. L'alphabet dit cyrillique, d'où est issu l'actuel alphabet russe, fut mis au point au XIIIe siècle, en revenant aux sources de l'alphabet grec, à l'usage des seuls slaves orthodoxes. La « cyrillisation » et la « latinisation » se disputèrent alors certaines régions d'Europe comme la Moldavie. Ces écritures résistantes, en montant au front, provoquaient des conflits. Ils ne sont pas comparables aux conflits de langues, qui échappent à tout arbitrage. Il existe des cas de digraphie, lorsqu'une même langue peut utiliser deux écritures. Le plus connu est celui du serbo-croate, qui est écrit avec l'alphabet latin par les Croates, catholiques, et en cyrillique par les Serbes, orthodoxes. Aucune tentative de conciliation n'a réussi. Les écritures résistantes sont souvent des écritures hérétiques, conservées dans des exils ou des diasporas. La variante syriaque des écritures alphabétiques a servi les Maronites, chrétiens de langue arabe, les Mandéens, chrétiens dissidents de Bassorah, les Manichéens, disciples iraniens au IIIe siècle de Manès qui inscrivirent leur présence jusqu'à Tourfan. Les Nestoriens ont emporté leur écriture « serto » jusqu'en Chine. Les Vieux-Perses mazdéens, chassés par l'islam, ont emporté jusque sur les côtes occidentales de l'Inde les restes de leur religion et les traces d'une écriture, dernier avatar de l'écriture cunéiforme, qu'ils sont les seuls à pouvoir lire. Ces écritures ne survivent souvent que dans les temples et sur les tombes.

De cette coulée gréco-romaine, certaines écritures dissidentes ont réussi à s'échapper. L'écriture arménienne et sa parente géorgienne ont résisté au grec et au cyrillique. Le moine Machtots (360-439), qu'on appelle aussi Mesrop, fit la conquête spirituelle des montagnards de ces régions écartelées entre plusieurs empires, repliées comme des forteresses entre Perse et Caucase. Il voyagea beaucoup, écouta à la fois les savants et les enfants des montagnes et créa un alphabet de 36 lettres. Machtots fut un inlassable créateur d'alphabets : l'arménien, d'où il dériva le géorgien mais aussi un alphabet dit « albanien » ou « alvain », encore plus riche en caractères, aujourd'hui oublié, pour couvrir une région du nord de l'Azerbaïdjan par la suite islamisé. L'écriture arménienne n'a été remise en cause ni par les Grecs, ni par les Turcs, ni par les Russes. En 1922, elle entra avec son peuple et souvent avec ses chefs, dans la nouvelle URSS. Son remplacement par le latin, l'arabe ou le cyrillique n'était pas à l'ordre du jour du congrès de Bakou.

Écritures des sables

Sur le chemin de la conquête, l'islam aussi rencontra des zones imprenables. Les Coptes, d'abord, chrétiens résistants d'une Égypte qui était devenue chrétienne par l'édit de Théodose en 379. Le christianisme populaire avait fait un rejet de l'écriture égyptienne, outil de l'ancien clergé. L'Église orthodoxe éthiopienne, parente de l'Église copte, opposa aussi victorieusement ses rites à l'islam, et a conservé son écriture venue, bien avant le

Christ, des écritures sudarabiques du pays de la reine de Saba au VIIIe siècle av. J.-C. C'est une écriture de cérémonie. Elle s'est adaptée aux langues ordinaires, l'amharique, langue officielle du pays, le *tigrinya*, le *gurage*, et plusieurs autres de la quinzaine de langues qui ont cours en Éthiopie, concurrencée de plus en plus par les écritures latine et arabe.

D'autres écritures, dites « libyques », étaient venues se perdre sur les côtes méditerranéennes de l'Afrique. Elles ont toutes disparu, sauf une, transmise pour des usages singuliers, par les Berbères. Elle est encore utilisée chez les Touaregs qui l'appellent *tifinagh* et l'on a voulu voir dans ce nom une déformation de « phénicien » qui avait déjà donné le mot « punique ». Elle sert pour des messages brefs, mais aussi dans des jeux amoureux où l'on trace ses figures simples dans le sable ou sur la paume de la main. On la trouve aussi sur des roches et sur des arbres, pour indiquer les pistes et les points d'eau. C'est une écriture non pas secrète mais intime ou confidentielle, une écriture chuchotée. On ne la rencontre durablement que dans les inscriptions funéraires, ce qui rend son étude difficile. Son origine est encore en discussion : lointain rejeton du phénicien ou descendance d'écritures venues du Sahara ? Le Maghreb regorge de signes rupestres dont on ignore l'origine et la date. Ceci ne serait pas étonnant si ces marques n'avaient parfois le même tracé très géométrique : cercles, carrés, lignes répétées caractéristiques du *tifinagh* qu'on a retrouvées sur plus d'un millier de stèles dont celle, célèbre, dédiée au roi punique Massinissa, en 138 av. J.-C., découverte à Dougga en Tunisie. C'est cette écriture qu'on retrouve jusque dans les îles Canaries, chez les Guanches, d'origine berbère[1]. La résistance du berbère dans les pays du Maghreb est devenue un enjeu politique entre Kabyles et Arabes. L'enseignement du berbère a été relancé au Maroc, et son écriture brandie parfois sur des banderoles par des militants. Mais la langue arabe ayant acquis ce statut de langue sacrée, ciment de l'unité panarabique, toute dérogation est vécue comme une trahison par les pays arabisants et le *tifinagh* reste aux yeux de certains musulmans « l'écriture du diable ».

Les habitants de Malte, chrétiens du premier siècle, ont gardé de leur conquête par l'islam en 870 une langue arabe. Arabisés mais non islamisés, devenus colonie normande puis britannique, ils sont les seuls chrétiens à écrire l'arabe avec un alphabet latin bien aménagé.

L'écriture de Méroé fut le dernier souffle des écritures de l'Égypte antique. Elle accompagna la fin de cet empire méroïtique, dont les pharaons avaient régné sur toute l'Égypte au VIIIe siècle av. J.-C., et s'était replié dans le

1. S. Chaker, « Signes, écriture et identité chez les Berbères : un cycle transhistorique », dans S. Battestini (dir.), 2006, p. 151.

sud, dans les steppes de Nubie et au Soudan, entre la 4e et la 6e cataracte du Nil, à Napata puis à Méroé, la ville aux deux-cents pyramides. Cette écriture se compose de deux jeux de 23 caractères chacun, l'un, monumental, inspiré des hiéroglyphes, auquel correspond un autre, cursif, inspiré du démotique égyptien. Neuf cents textes votifs ou funéraires, dont on ne sait extraire que quelques noms propres, sont aujourd'hui recensés dans une base de données[2]. Toujours indéchiffrables, ils font tourner les ordinateurs. Voilà donc l'extravagante écriture égyptienne réduite en un alphabet. La belle époque de Méroé se poursuivit du Ve au IIIe siècle avant J.-C. et subit de ce fait l'influence de la Grèce et d'Alexandrie : c'est la seule explication qu'on peut donner à cet étrange fin des écritures hiéroglyphiques dont l'alphabet méroïtique fut, en quelque sorte, le sarcophage.

La résurrection hébraïque

Si les écritures ont tendance à disparaître ou à s'uniformiser sous l'effet de la mondialisation, il existe un exemple de résurrection[3]. La langue des Hébreux n'a pas résisté à l'arabisation islamique. Elle ne fut

2. J. Leclant, « L'enregistrement informatique des textes méroïtiques », dans *Le déchiffrement des écritures et des langues,* 1975, p. 157-168.

3. C. Hagège, chapitre consacré à l'hébreu dans *Halte à la mort des langues*, O. Jacob, 2000.

plus parlée pendant tout le Moyen-Âge. Son écriture, elle, subsista comme un objet sacré, dans sa fonction rituelle. Elle traversa ainsi les siècles, de façon pour ainsi dire souterraine, jusqu'à l'époque moderne. Lorsqu'au XIXe siècle le mouvement général d'un « réveil des nations » fit germer l'idée d'un État juif, il n'était pas question de lui restituer une langue, déjà morte, ni une écriture, inusitée hors de la liturgie. Theodor Hertzl lui-même, fondateur historique du sionisme, ne concevait qu'un État multilingue comme la Suisse. L'action de Ben Yehuda en faveur de la restauration de la langue hébraïque dans son *Appel* de 1879 changea l'histoire. Il eut à lutter contre certains orthodoxes qui s'y opposaient arguant du fait que l'hébreu, langue sacrée, ne pouvait servir au langage trivial et ne devait par conséquent exister que sous sa forme écrite. La langue fut patiemment reconstituée à partir de la vieille écriture hébraïque. La déclaration de Balfour instituant en Palestine un foyer juif en 1917, fut suivie en 1918 de la reconnaissance de l'hébreu comme sa langue officielle. C. Hagège compare le cas exceptionnel de l'hébreu, langue écrite devenue parlée, à d'autres langues qui vivent par l'écriture, comme l'arabe : « Loin d'être une restitution orale d'un état écrit, l'arabe littéraire, sémitique comme l'hébreu, et incarnant la norme dans tous les pays arabes, est au contraire une langue en principe uniquement écrite… ». Entre la langue et l'écriture, ce qui résiste, c'est l'écriture.

Le souffle et le geste

En Orient, les écritures des langues se fondirent dans d'autres conceptions de l'écriture. L'Asie du Sud-Est et l'Inde sont un jardin des écritures. La plus ancienne écriture indienne, la brahmi, dont l'origine est obscure, fut propagée par Asoka (273-237 av. J.-C.), premier unificateur de l'Inde, moins d'un siècle après l'épopée qui avait conduit les armées d'Alexandre le Grand aux bords de l'Indus. Asoka publiait ses « édits » sur des rochers ou des piliers à chaque frontière de son nouveau royaume, parfois bilingues. De multiples familles bien vivantes font de l'Inde un fabuleux laboratoire d'écritures. En dépit de sa luxuriante littérature, la civilisation indienne n'est pas une civilisation de l'écrit, ni même du verbe, mais une civilisation du souffle et du geste. Le rapport de l'Inde à l'écriture diffère essentiellement des conceptions occidentales[4]. La vérité n'est pas dans le tracé mais dans le « son fondamental », qui peut s'exhaler, en quelque sorte, dans l'écriture, comme celle du son *ÔM*.

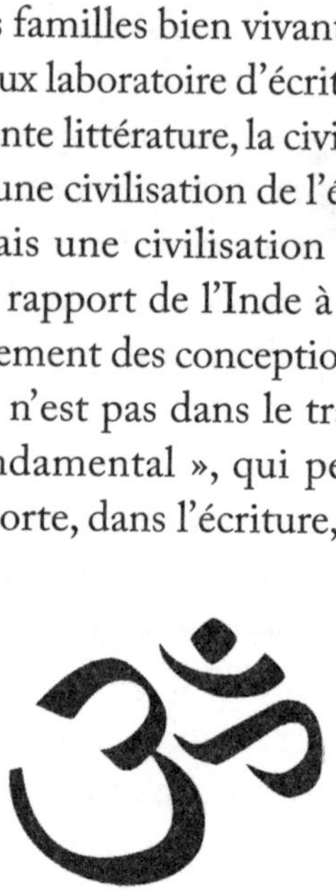

4. J. Filliozat, « Les écritures indiennes. Le monde indien et son système graphique », dans *L'Écriture et la psychologie des peuples,* 1963, p. 149.

La sacralité des écritures bouddhiques n'est pas non plus celle des religions révélées. Elle est la concrétion des forces sonores à l'œuvre dans le corps humain. Les écritures indiennes sont réputées pour être les plus fidèles au phonétisme. Les langues indiennes, riches en voyelles y sont pour quelque chose. Cette soumission à la langue s'exprime aussi par cette « tringle » horizontale reliant chaque lettre qui lui est suspendue. L'Inde est un vivier d'écritures liées à la propagation du bouddhisme. D'une ancienne écriture, dite *grantha*, pratiquée au sud-est de l'Inde, dériva celle des Tamouls qu'une centaine de millions de personnes écrivent à Singapour, au Sri Lanka et dans une immense diaspora. Les Cingalais du Sri Lanka, opposés aux Tamouls, ont une autre langue et une autre écriture. Du Kerala, au sud de l'Inde, dériva l'écriture *tulu*, riche en épopées, et vers le sud-est, le *telugu*, deuxième langue de l'Inde, mais aussi les écritures *kannada* ou *malayalam*.

La géographie des écritures n'épouse pas systématiquement celle des langues. La division des écritures indiennes ne respecte pas toujours celle entre les deux grandes familles de langues, dravidienne et indo-européenne[5]. L'alphabet khmer vint de l'Inde dès le VIe siècle, bien que la langue n'en soit pas indo-européenne. Le roi tibétain à qui l'on attribue la conversion, au VIIe siècle, des Tibétains au

5. J. Février, p. 356.

bouddhisme, fit appel au lama Thomi Sambota pour inventer une écriture qui serait propre aux Tibétains. Ce dernier eut recours à l'écriture indienne brahmi, véhicule du bouddhisme, bien que la langue tibétaine soit apparentée au chinois, d'une structure différente. On comprend que dans les Himalayas, les peuples isolés aient conservé des écritures propres. Ce fut le cas au Sikkim, au Népal, au Cachemire. Écritures chamaniques, comme celle des Yi, émanation du corps du chaman, qui n'existent que par le tracé que son souffle anime.

De l'Inde, les écritures se propagèrent de l'autre côté du golfe du Bengale, vers la Birmanie (Myanmar), la Thaïlande, le Cambodge, plus loin, en Indonésie et aux Philippines. On parle en Birmanie plus d'une centaine de langues. Le roi Anawrahta, qui unifia la Birmanie au XIe siècle, domina le peuple Mon, qui connaissait une écriture *pali* après qu'Asoka les eut convertis au bouddhisme, au IIIe siècle av. J.-C. Il captura le roi des Mon et déporta tous les lettrés pour enseigner le bouddhisme aux Birmans et s'approprier leur écriture[6]. L'écriture de la langue thaïlandaise, de famille chinoise, fut aussi empruntée à l'Inde. Pour se distinguer des Khmers, le roi siamois Rama Kamheng (1279-1317) se dota d'une écriture particulière et célébra cette invention comme un fait d'armes sur une stèle dressée en 1283 qu'on

6. *Ibid.*, p. 369.

peut voir encore dans sa capitale de Sukhotaï (Thaïlande), aujourd'hui inscrite au patrimoine mondial de l'Unesco. L'écriture de type indien dériva jusqu'en Malaisie, dans l'écriture *batak* de Sumatra dont le tracé est riche en élégants motifs, à l'instar des tatouages qui sont la véritable écriture de certaines îles océaniennes. L'alphabet encore en usage dans les îles Maldives fut retouché par les Arabes qui en chassèrent les Portugais. Les premières inscriptions de Java sont en langue et en écriture indiennes, mais une écriture nouvelle, dite *kavi*, « des sages ou des poètes », apparut au IXe siècle, inspirée des écritures de l'Inde du Sud. On trouve aussi à Java des inscriptions chinoises. Les Indiens de l'empire Madjapahit, qui conquirent tout l'archipel au XIVe siècle, y développèrent une brillante culture écrite dont témoignent les milliers de feuilles de palmier calligraphiées de l'épopée du Nagarakertagama.

Les alphabets, ou plutôt les alpha-syllabaires qui sont à la base des alphabets sud-asiatiques, dérivent de l'écriture brahmi. Bisaya, Macassar, Bugi se partagent les écritures des Philippines et des Célèbes, où des feuilles de palmier ont donné lieu aux écritures dites *lontara*. Les origines de la brahmi sont mal établies : son tracé a si peu de parentés avec ses ancêtres phénicien, araméen, protosinaïtique, ou celui des écritures perdues de l'Indus, que l'on va jusqu'à se demander s'il n'y eut pas en Inde une autre invention de l'écriture, mais laquelle ?

De continent à continent, les langues viennent se briser contre le roc des écritures. La force expressive de la langue, souple et singulière, échoue devant la tension régulatrice et normative des écritures, asservissant aussi bien les langues que les images. Aussi l'écriture, passant de main en main, est-elle comme un trésor que chacun cherche à s'approprier. Le pouvoir est à qui la capture.

VIII … Écritures mécaniques

Le temple coréen de Haeinsa conserve dans le plus élevé de ses quadrilatères aux toits crochus, dont le plan imite les formes de caractères d'écriture, les 80 000 plaques de bois où est gravé un corpus de textes bouddhiques[1]. C'est la troisième version, la seule conservée. Elle date du XIIIe siècle et il a fallu seize ans, dit-on, pour accomplir cette tâche. Toutes les plaques ayant la même dimension, il fallut calibrer les caractères, uniformément alignés, d'une même graisse et d'un même corps, comme pour une typographie. Si bien qu'on dut sélectionner les calligraphes capables, après plusieurs mois d'entraînement, de maîtriser leur geste et de l'asservir à cette contrainte. Les alphabets occidentaux, grec ou latin, dont la valeur phonétique est insensible à la forme des lettres, se prêtent sans difficulté à cette réduction. En Orient, où la calligraphie exprime le talent du scribe et l'interprétation des textes, l'exercice était contre nature. Il ne s'imposa que dans un seul objectif : imprimer sur du papier, que l'Europe ignorait encore, l'ensemble de ces textes en plusieurs exemplaires, strictement

1. Sur l'histoire de ce corpus chinois : T. F. Carter, [1955], 2011, p. 99.

identiques. L'écriture, froidement exécutée, abandonnait les subtilités du manuscrit. Le principe de la reproduction globale d'une planche gravée n'est pas différent de l'impression des sceaux. Pourtant, la différence est radicale : la reproduction s'applique ici à une suite infinie et linéaire de caractères si peu enfermés dans le cadre clos d'une image qu'il en fallut 80 000 et plus si nécessaire. Ces tablettes sortent du tabulaire, emportées dans le flux de la psalmodie, comme aurait pu le faire toute tablette d'argile ou de cire, mais désormais inaltérable, et, mieux encore, reproductible. À ce prix, reléguant au passé les versions chinoises manuscrites du Triptitaka, l'écriture venait ajouter, en plus de la permanence, un deuxième avantage décisif sur la voix : l'ubiquité, dont la parole est incapable. Après que les scribes du Tripitaka se furent pliés à cette discipline normative, de nombreux graveurs armés de gouges, de ciseaux ou de burins entreprirent de figer en relief les tendres traces d'encre des calligraphes. L'énormité du chantier a pu faire rêver plus d'un scribe à une écriture où chaque caractère pourrait être réutilisé indifféremment dans une suite, exploitant l'un des atouts de l'écriture : le jeu infiniment combinatoire des signes convenus.

En Occident, à la même époque, lorsque se développaient les universités et que la demande de livres s'accroissait, les scribes des monastères chrétiens, fatigués de recopier à la main les textes en série, appelaient de leurs vœux une « écriture mécanique » qui soulagerait leurs doigts et leurs poignets endoloris.

La page comme une image

L'érudit moderne peut rêver au rôle précurseur que joua cette entreprise dans l'invention du caractère mobile, plus tard, dans cette même Corée, heureusement dotée d'un alphabet[2]. La situation est comparable à celle qu'entraîna en Europe la pratique des livres xylographiques où le texte, gravé comme une image, précéda l'imprimerie de Gutenberg. La numérisation des tablettes du Tripitaka, récemment achevée, participe du même processus. Le texte, globalement photographié ou scanné, oublie pour un temps toute valeur phonétique, c'est-à-dire tout rapport à la langue. Paul Valéry opposait ces « deux vertus du livre ». L'une est « ce mode successif et linéaire », qui est proprement la lecture, et l'autre, visuelle, lecture « optique » où, écrit-il, « Une page est une image.[3] » La multiplication des textes imprimés entremêlés d'images fait que les deux vertus se confondent. On a pris l'habitude, en lisant un journal, en regardant une affiche, ou même en feuilletant un livre, lu comme un calligramme, que la lecture

2. D. Bouchez, « L'Alphabet coréen », dans A.-M. Christin (dir.), *Histoire de l'écriture...*, p. 162.

3. P. Valéry, « Les deux vertus d'un livre » [1926], *Œuvres*, Paris, Gallimard (La Pléiade), t. 2, p. 1246.

« optique » ou panoramique, prenne les devants sur l'autre.

La mécanisation de l'écriture l'a coupée de la main[4]. Dans l'histoire de l'écriture, l'une des dates les plus importantes est sans doute celle de l'invention de l'imprimerie, ou plutôt celle, devrait-on dire, de la rencontre entre l'invention des caractères mobiles et de l'alphabet latin. Car l'imprimerie, sous la forme d'empreintes, de sceaux, d'estampages a toujours existé. L'invention décisive au milieu du xve siècle en Allemagne n'est donc pas celle du caractère mobile, ni celle de l'imprimerie et encore moins celle du livre qui, sous la forme du codex, remonte aux premiers siècles de notre ère. Le plus ancien imprimé connu en caractères métalliques est un ouvrage coréen de 1377, trois quarts de siècles avant Gutenberg, alors que des caractères mobiles en bois étaient apparus en Chine[5]. Pourquoi ces inventions ne connurent-elles leur développement qu'en Europe au xve siècle et n'eurent pas le même succès en Extrême-Orient ? Les progrès de la métallurgie, l'essor du capitalisme, l'idéologie de la Réforme qui prônait la lecture de la Bible et l'existence d'une écriture alphabétique fondée sur le

4. Ph. Henscher, *The Missing Ink : The Lost Art of Handwriting and Why It Still Matters,* McMilan, 2012.

5. M. Bussoti et J.-P. Drège, « Chine-Europe, histoire de livres », *Histoire et civilisation du livre,* t. III, Droz, 2007.

phonétisme expliquent cet étonnant décalage dans le temps.

Si le nombre de manuscrits produits dans les pays d'Europe se comptait déjà en centaines de milliers, l'imprimerie fit passer la production de 30 000 incunables (livres imprimés avant 1500) à plusieurs millions d'exemplaires. Le livre n'est pas né de l'imprimerie : la presse était connue des imprimeurs de « livres xylographiques ». Quelle est alors l'invention attribuée à Gutenberg ? La nouveauté vient des progrès de la métallurgie, considérables en Europe et particulièrement en Allemagne, liée en partie au développement des armes et de l'artillerie. Ceci nous rappelle que la typographie est avant tout un art du métal et son progrès dû à l'invention d'un alliage, plomb, étain et antimoine, dont la formule fut gardée secrète. Gutenberg était le fils d'un orfèvre, maître des monnaies de l'archevêque de Mayence. Son précurseur, Prokop Waldvogel de Braganciis était issu d'une famille de métallurgistes de Prague. L'écriture mécanique est un produit industriel, alors que l'écriture chinoise, protégée par les mandarins, s'était heurtée à la rigidité et à la puissance de la bureaucratie chinoise.

L'alphabet latin, outre sa grande économie de signes, repose sur un postulat selon lequel chaque lettre de l'alphabet figure un son de la langue, d'une façon normalisée. Selon ce principe, chaque lettre de l'alphabet garde sa même valeur phonétique quelle que soit les variantes de sa forme : un *A* majuscule figure le même son que le *a* minuscule, les lettres monumentales ont la même valeur que les cursives, bien que leur forme soit très différente. Or, la mécanisation de l'écriture suppose la standardisation de chaque caractère dont le calibrage est rigoureusement défini pour tenir dans un cadre uniforme et une place déterminée sur la page. On conçoit alors que l'écriture chinoise, dont le sens est lié à la souplesse de chaque caractère, se prête mal à la raideur de la typographie. Les essais chinois et coréens butaient sur l'uniformité qu'imposent les galées et les composteurs de l'imprimeur, sans compter que le nombre de caractères et leur classement dans des cases posaient des problèmes considérables : les premiers caractères mobiles chinois furent classés par rimes. L'innovation de Gutenberg fut cette machine à fondre les caractères qui en assure le parfait calibrage et cet alliage qui les rend fusibles, donc réutilisables, et indéformables à la presse.

Un rectangle pensant

Si Dieu a créé l'écriture, les monarques de droit divin, la bourgeoisie d'affaires et le clergé des églises surent s'emparer de l'imprimerie. En France naquirent le « Romain » et le « Grec » du roi. L'esthétique très normée des caractères atteint son apogée avec la création de l'Imprimerie royale en 1640 et la commande de Louis XIV en 1702 des fontes de polices de caractères parfaits, l'un des plus beaux témoins de l'art classique[6]. L'industrialisation du livre, favorisant la circulation des idées, faisait fermenter la démocratie et la Réforme. Les premiers livres imprimés imitaient les manuscrits. Les artifices qui permettent de transformer une écriture destinée à être lue en une écriture destinée à être vue étaient en place. La séparation des mots, étape essentielle qui marque le passage de la lecture collective à haute voix à la lecture silencieuse et privée, avait été introduite au XIe siècle. Les manuscrits connaissaient déjà les signes destinés à guider la lecture sans aucune valeur phonétique sinon celle du silence. Il fallut normaliser les espaces vides et les matérialiser par des plombs appelés cadrats, cadratins et semi-cadratins. La page de titre, la pagination et les tables des matières existaient dans les manuscrits, mais rubriques et pieds de mouche signalant les parties, les gloses marginales, les illustrations, furent des obstacles au développement de l'écriture mécanique.

L'idée selon laquelle l'écriture latine est une écriture alphabétique qui ne marque que la langue a laissé dans l'ombre le fait qu'une grande partie de cette écriture n'est pas phonétique mais liée à la structuration des textes. Elle est destinée à leur intelligence plus qu'à leur lecture. L'imprimerie n'a pas seulement contribué à normaliser l'écriture et à formaliser

6. *Le Romain du roi. La typographie au service de l'État, 1702-2002,* Musée de l'imprimerie de Lyon, 2002.

la langue par l'orthographe, elle a configuré la pensée occidentale[7]. La page est un « rectangle pensant » a-t-on dit, et le livre, un classeur à idées autant qu'un substitut du discours. Les progrès de la machine à écrire dont la mise au point dura deux siècles depuis les premiers essais munis de plumes en 1660 jusqu'à la production en série de machines Remington en 1873, nous rappellent que l'écriture est une affaire liée à la structuration de notre pensée. Sur un clavier d'ordinateur on dénombre une centaine de touches. Aux 26 lettres de l'alphabet s'ajoutent les signes diacritiques, les chiffres, les ligatures, les ponctuations, les espacements, les symboles mathématiques ou monétaires, mais surtout des touches de fonction qui peuvent faire basculer l'écriture dans des feuilles de style variées : polices, corps, graisses..., sans pour autant en modifier la valeur phonétique. Ils fonctionnent comme ces claviers chinois qui procèdent par sélection et superposition des clés pour composer le signe final. Le geste d'écrire est devenu sélectif et non intuitif, nous choisissons notre écriture et la machine l'écrit.

La calligraphie latine était prédisposée à la mécanisation typographique. Contrairement à la calligraphie arabe, religieuse par essence, et aux calligraphies orientales qui laissent place au lyrisme des formes, la calligraphie latine était

7. E. L. Eisenstein, *La révolution de l'imprimé dans l'Europe des premiers temps modernes* [1983], La Découverte, 1991.

plus orientée par un fonctionnalisme qui se traduit par un souci premier de lisibilité pour le lecteur et de rapidité pour le scribe. Ces deux soucis majeurs conditionnent la mécanisation de l'écriture en Occident. Ils ont assuré son succès. Les polices de caractères permettaient au typographe une certaine diversification des jeux de caractères. L'histoire de la typographie occidentale montre à quelle précision millimétrique, à quelle modélisation généralisée l'écriture est assujettie, mais aussi combien, d'un autre côté, les cultures particulières et les divers usages de l'écriture surent y trouver un espace de liberté pour exprimer leurs différences. En effet, dès le XVIe siècle, les caractères typographiques vénitiens ne ressemblaient pas à ceux hérités du monde germanique[8].

La guerre des plumes

La presse et la publicité font bouillonner les écritures. Elles sont un spectacle où la raison est sans cesse saisie par l'émotion. La même opposition s'observait déjà dans l'écriture manuscrite. Parmi les calligraphies européennes, la calligraphie française se signale par sa sobriété, son encadrement géométrique où chaque lettre doit s'inscrire dans un périmètre construit sur un axe vertical, obligeant le scribe à tourner souvent sa plume. L'écriture anglaise, qui

8. L. Mandel, *Écritures, miroir des hommes et des sociétés*, Atelier Perrousseaux, 1998.

cherche la rapidité, s'incline et permet au scribe de ne pas relever sa main. Une véritable « guerre des écritures » a sévi en Occident qui opposait la « ronde » aux « bâtardes », les « posées » aux « coulées » et aux « expédiées », les cursives aux monumentales gothiques, lettres dramatisées, recommandées pour les titres et les réclames. Anglais et Hollandais s'opposèrent aux Français aussi vivement sur le papier que leurs marins sur les mers. Ces luttes calligraphiques ne sont pas sans rappeler celles que se livrent aujourd'hui les producteurs de logiciels et leurs accusations d'abus de position dominante. À la fin du XVIIIe siècle, un calligraphe français qu'on appelait le « fameux Bernard » s'emporta contre l'invasion de l'écriture anglaise, qu'il considérait comme une « dépravation » et qu'il ne cessa de combattre au sein du Bureau académique d'écritures, organisme protectionniste créé par le gouvernement révolutionnaire français[9].

La posture recommandée du scribe, présentée au début de chaque manuel de calligraphie, traduit cette rigidité de l'écriture occidentale et contraste avec le mouvement plus souple du calligraphe oriental qui engage tout son corps dans le geste d'écriture, tandis que celui du scribe occidental reste figé. Et lorsque, vers 1835, les premières plumes

9. L. Biot, *Bernard, portraitiste en trait de plume,* Éditions Serpenoise, Nancy, 1994.

métalliques arrivèrent à Boulogne par millions, de Sheffield ou de Birmingham, nos maîtres d'école s'en indignèrent et Victor Hugo s'en refusa l'usage[10].

Ce n'est pas sans difficultés que l'écriture mécanique s'est imposée aux écritures manuelles. On sait ce qu'elle nous a fait gagner. Sans elle, point de communication rapide et universelle de l'écrit, point de livres, journaux ni ordinateurs. Mais il faut en dire aussi les conséquences négatives et la comparer à d'autres modes d'écriture qui surent conserver d'autres avantages. Le monopole que la langue s'est assurée sur l'écriture en lui assignant comme objectif presque exclusif sa mise en page eut des conséquences fatales en Occident. L'écriture occidentale, en privilégiant la conception d'un caractère abstrait et par conséquent interchangeable quelle que soit sa place dans la page et son style, nous a longtemps laissés indifférents au sens implicite de son graphisme, aujourd'hui débridé. Le caractère « didot » est l'emblème du néo-classicisme et la famille des « mécanes » est typique du mouvement moderne. La typographie appartient à l'histoire de l'art. La banalisation des pratiques typographiques grâce aux claviers personnels nous rend conscients de cette diversité. Chacun, confronté à ces choix, doit la prendre en compte.

10. É. Le Collen, *Objets d'écriture*, Flammarion, 1998.

Le spectre de l'image

Les histoires de l'écriture latine laissent de côté les signes non phonétiques de notre écriture : les symboles mathématiques par exemple, les écritures musicales voire chorégraphiques, la cartographie, tous ces signes qui constituent de nos jours des systèmes autonomes. L'écriture linéaire a négligé tout ce qui se traduit par des schémas et, en gros, tout ce qui participe, par son caractère analogique, au monde de l'image dans l'écriture même. Alors que le manuscrit laisse l'image se mêler sur la même page avec le texte, la typographie a eu pour effet immédiat de séparer l'impression des caractères de celle des images en taille-douce, imprimées sur des presses différentes. La séparation entre les deux mondes fut telle que les graveurs de lettres qui gravaient à la main les légendes constituaient une corporation à part. L'image fut mise « hors texte ». Le divorce entre l'image et l'écriture devint doctrinal. La différence entre les techniques d'impression traduisait des différences idéologiques qui privilégiaient systématiquement un texte dont la maîtrise était contrôlée par l'Église et l'école tandis que l'image, incontrôlable, indisciplinée, était suspectée de libertinage sémantique. Aux irrégularités et aux particularismes de l'image, l'écriture doit opposer une forme pure de toute sensibilité, lisse comme une règle. Ce préjugé, mis à mal, n'a pas entièrement disparu. Et pourtant, l'image transparaît comme en filigrane sous l'abstraction typographique. Elle la hante comme un fantôme. Toute écriture rêve encore d'être une image.

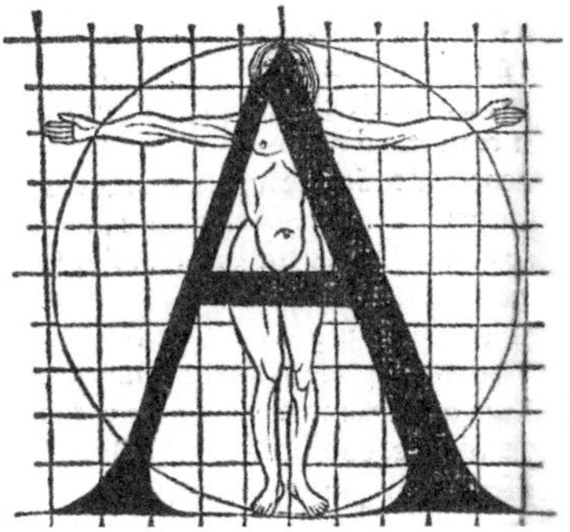

Geoffroy Tory, *Champfleury*, 1529

La séparation de corps entre le texte imprimé et l'image dura très précisément jusqu'en 1796, date de l'invention de la lithographie qui permettait d'imprimer en même temps tout signe graphique, lettre ou dessin. D'autres essais de « stéréotypes », rendus nécessaires par la soif d'images que réclamaient les sciences, le romantisme et la démocratisation, l'avaient précédée au XVIIIe siècle, permettant de fondre images et textes dans un même moule. Beaucoup d'autres suivirent : galvanoplastie par électrolyse, similigravure et autres moyens de reports et de « clichages » jusqu'à l'offset et aux « flans » auxquels ont eu recours les presses rotatives. Après 1950, avec la « lumitype », la photocomposition embarquait les formes du texte et les enregistrait dans les mêmes supports que celles de l'image. Elles n'en sont pas sorties.

En Occident, texte et image se sont opposés comme la chair a été opposée à l'esprit. Toute écriture devait être justiciable d'un alphabet. Ce n'est sans doute pas par hasard, ni pour des raisons économiques, que le Japon et la Corée ont monopolisé l'industrie de l'image, des caméras aux écrans, des magnétoscopes et des photocopieuses aux scanners. Il s'agit là d'un phénomène culturel. De même que l'invention des caractères mobiles ne pouvait trouver son essor qu'en Occident, l'industrie de l'image a trouvé le sien en Extrême-Orient.

Octets *vs* pixels

L'audiovisuel a fait naître l'illusion que l'image et la langue pouvaient faire bon ménage. Ce n'est qu'une alliance qu'en politique on appellerait « objective » : chacun garde sa logique propre. Ils demeurent aussi immiscibles que l'huile et l'eau et départagent encore de nos jours les deux mondes des nouvelles technologies, celui de l'octet et celui du pixel, qu'on appelle aussi le *mode texte* et le *mode image.* L'octet est un outil de traitement de texte qui recompose dans un langage binaire les caractères d'écriture. On retrouve le principe binaire aussi bien dans le monde des pixels que dans celui des octets, mais les pixels ponctuent une surface disponible dont chaque point, à condition de demeurer dans ce cadre consacré, est susceptible de se voir affecté d'un sens. Dans le monde des octets, au contraire, les bits (unités binaires) sont déjà programmés pour former des caractères (huit pour l'alphabet, mais qui peuvent avec Unicode aller jusqu'à 64 pour reproduire automatiquement des caractères complexes ou des pictogrammes). Unicode permet de mécaniser presque toutes les écritures des langues du monde en les réduisant à leur plus petit dénominateur commun : le point et l'absence de point. On en connaît les avantages : l'indexation facile et l'accès au texte intégral, car il est capable de discriminer les chaînes de caractères et d'intervenir sur chacun d'eux séparément. Le pixel ouvre un autre univers, celui, global, de l'image. Les points qui le composent n'ont pas d'affectation préconçue mais on peut les activer, les localiser et les organiser dans un cadre qui n'a de limite que celle de l'écran. Le monde de l'octet respecte la notion de caractère et a été développé dans l'industrie informatique occidentale. On a cru longtemps à sa supériorité et, lorsque, dans les années 1990 on commença de parler communément de numérisation, on donna d'abord la préférence au mode texte pour conserver les avantages de l'alphabet. Ce choix oblige à saisir caractère par caractère l'ensemble du texte, travail fastidieux. Le mode image saisit la page en bloc, comme un cliché : retour aux tablettes longuement gravées du Tripitaka et aux livres xylographiques, mais avec un procédé devenu expéditif, qui continue d'ignorer les valeurs linguistiques. Cette image de texte est, comme toute image, difficile à indexer par des mots. Le traitement numérique du texte, traitement purement optique, est à ce point paradoxal que pour retrouver la valeur phonétique de chaque lettre et le sens de chaque mot, l'image numérisée doit être soumise à une déconstruction radicale, appelée « reconnaissance optique des caractères » qui va désosser le bloc compact du texte, que l'image globale a solidifié, pour reconstituer par de simples similitudes formelles, dans l'écheveau inepte des formes, les chaînes de caractère qui font sens. Les progrès rapides des systèmes de reconnaissance optique des caractères (OCR), de reconnaissance vocale et même de reconnaissance des formes complexes, leur permettent de dialoguer sans légende, sans dire un mot.

La fracture de l'écriture mécanique, que nul ne songe à remettre en cause, nous a fait oublier que notre pensée n'est pas faite que de mots mais aussi de gestes, d'images et d'autres sensations, autant sensibles qu'intelligibles, autant visibles qu'audibles et que tactiles. L'écriture, quelle qu'en soit la technique d'automatisme ou de reproduction et l'appareillage énorme qu'elle mobilise aujourd'hui à travers le monde, ne sera jamais épuisée par la langue.

IX … Écritures numériques

L'écriture que nous pratiquons sur nos claviers n'a plus grand-chose à voir avec celle que nous avons apprise à l'école. Nos enfants continuent d'apprendre à tracer avec soin des lettres même si elles ont perdu leurs pleins et leurs déliés. Nous avons oublié depuis longtemps ce que sont la ronde et la bâtarde, tandis que nous avons sur notre écran le choix entre plusieurs milliers de types de polices de caractères, renouvelés chaque jour sur des sites spécialisés où l'on peut faire son marché de lettres, agrémentées de *smileys* et de logos. Avouons-le : nous ne savons plus écrire à la main. Jusqu'à quand écrirons-nous à la main les quelques notes négligemment jetées, qu'on ne destine qu'à soi-même ? Nos manuscrits feraient honte, même chez les plus lettrés d'entre nous, au moins exigeant de nos anciens maîtres d'école. Les derniers manuels imprimés d'écriture ont disparu des classes avant la dernière guerre et l'on a tenté vainement d'en ressusciter la pratique.

Nos écritures, dont la grande force a été, par rapport à l'oralité, de parler en silence et de voyager sans leur auteur, pensent sans nous, nous posent des questions et parfois même savent y répondre. Surcodée, notre écriture s'est robotisée et peut parfois marcher toute seule. Des écritures du second degré : écritures des métadonnées, des protocoles et des formats ont, depuis le télégraphe optique de Chappe, imposé leurs conditions. L'écriture n'est plus seulement une technique, c'est tout un ensemble de techniques, autant d'écritures qu'on a bien du mal à mettre dans le même sac[1].

La calligraphie pourtant garde son aura. Elle continue d'orner les faire-part de décès ou de mariage. Elle est une écriture intime ou proclamée qui fait appel à l'élégance et au cérémonial. Elle est passée du côté des pratiques artistiques ou rituelles. Les calligraphes professionnels revendiquent la condition d'artiste, comme ce fut le cas en Orient. L'autographe conserve un lien physique avec le corps de l'auteur qui lui confère encore une valeur affective ou authentique. Philippe Artières a sondé les rapports troublants des écritures compulsives, accusatrices ou pathologiques[2]. La littérature a gardé le souvenir de la valeur sentimentale, voire érotique, de ces messages écrits d'une main nue, parfois tremblante, comme la fausse lettre que la Princesse de Clèves s'obligea d'écrire de mémoire, par procuration et en secret pour sauver l'honneur du Vidame ou celles des *Liaisons dangereuses*,

1. Pour une analyse approfondie des « trois écritures », voir Clarisse Herrenschmidt, 2007.

2. Ph. Artières, 1998.

lorsque Valmont, écrivait avec perversité à la trop sage Mme de Tourvel, prenant le corps de sa maîtresse comme écritoire : « jamais je n'eus tant de plaisir en vous écrivant »[3].

L'écriture à l'heure de sa reproduction technique

Avec l'imprimerie photomécanique, l'image est sortie de sa clandestinité et de sa marginalité. Retour au manuscrit mais la reproduction en plus. En permettant d'imprimer des dessins aussi bien que toute forme d'écriture, alphabétique ou non, la lithographie a brisé le carcan de la typographie qui isolait l'écriture alphabétique de toutes les autres écritures « graphiques ». L'alphabet avait ignoré l'image, la numérisation ignore le texte. L'alphabet avait gagné la bataille de l'écriture, la photographie a gagné celle de sa reproduction, et, de nos jours, il n'est guère d'écriture qui ne soit sa propre reproduction. La photographie, dit Malraux dans son *Musée imaginaire*, a trouvé son imprimerie. Le manuscrit n'existe plus guère que comme griffonnage, même sur un smartphone ou une tablette. Son dernier refuge, la signature des noms propres, est déjà assiégé par les mots de passe, numéros de compte, et autres alias. Les notaires-même les notaires ! - garants de l'originalité des pièces qu'ils conservent pour les siècles, s'apprêtent à

3. Choderlos de Laclos, *Les Liaisons dangereuses*, lettre 48.

confier à des mémoires électroniques les actes dits « authentiques ». Seule la signature de l'artiste conserve sa valeur magique : elle fait partie de l'œuvre d'art.

Aux codes incontrôlés qui fondent la langue ou les signes d'écriture, viennent se superposer les codes techniques destinés à leur diffusion et à leur reproduction. Jadis on confiait à des copistes un « autographe » qui devenait « allographe » : écrit par un autre. Mais il restait dans la sphère du manuscrit. Dans l'école pour tous, chaque citoyen devait prendre l'écriture à son compte. La dictée était cet exercice nécessaire pour entrer dans le monde lettré. L'illettrisme est toujours une tare, mais aujourd'hui on parle d'« illélectronisme », handicap de qui ne sait pas manipuler un clavier. Incessamment reproduite, l'écriture est devenue une image d'écriture : la preuve en est que les créateurs de polices de caractères, qui fleurissent sur l'Internet, perçoivent sur leur création des droits d'auteur. Vous ne pouvez pas utiliser publiquement une police de caractère si elle n'est pas libérée de ces droits. L'écriture du clavier, contrairement à celle que vous avez apprise à l'école, ne vous appartient plus.

Cette écriture, qui fait l'objet de multiples brevets, est devenue une écriture « augmentée ». S'y ajoutent les commandes de fonctions qui la manipulent et peuvent la faire basculer dans d'autres systèmes que celui de la langue ou dans d'autres périmètres que celui du scribe. L'écriture s'est robotisée en ajoutant aux caractères de nombreux signes fonctionnels, comme le célèbre @ qui, lorsqu'il reste manuscrit, n'a aucun pouvoir, ou le # qu'il ne faut pas confondre avec le #. La calligraphie est toujours active, mais elle est devenue l'affaire des graphistes. Les pictogrammes, écritures embryonnaires que l'on prenait pour des pré-écritures, envahissent maintenant nos modes d'emploi et nos panneaux signalétiques. Ils pourraient être appelés des « post-écritures ». Ces « commandes » et « télécommandes » permettent l'enregistrement normalisé et l'écriture à distance. Reste à l'auteur devant son clavier la « mise en texte », mise en page ou en tout autre espace, qui, truffé d'images, demande une véritable compétence : c'est elle qu'il faut maintenant enseigner dans les écoles. Ce n'est plus « recopier » qui pose problème (la machine le fait mieux) mais « éditer ». Le modèle « tabloïde » des journaux et des affiches, dont Mallarmé avait dans son *Coup de dés* anticipé la formule en faisant de la typographie un élément poétique, est à la portée de tous. « Jamais un coup de dé, écrivait-il, n'abolira le hasard. » Le clic protéiforme du claviste n'y parvient pas davantage.

Le sillage et l'empreinte

La reproductibilité est un critère majeur qui définit l'écriture. L'écriture mécanique et plus encore l'électronique, est d'emblée

« éditée ». Nos éducateurs doivent y préparer leurs élèves. La distinction traditionnelle et essentielle entre les écritures publiques, monumentales, et les écritures privées, cursives, est optionnelle puisque le même message peut, d'un écran à l'autre, changer de police ou de calibre ; encore faut-il en saisir l'opportunité et savoir le faire. Ensuite tout n'est qu'affaire d'affichage, réglée d'un coup de pouce. Avec les écritures télécommandées, les SMS, MMS, les *chats* et les *tweets*, l'écriture est devenue « conversationnelle ». Elle penche vers l'oralité, mais une fois transmise, comme la parole, elle n'est pas réversible. Aucun faux-pas n'est permis. Elle garde tout en mémoire, même les repentirs : l'oubli est un droit d'exception, ne l'oubliez pas.

Sur les disques durs, le palimpseste est la règle, si bien que nous sommes constamment dans le monde de la copie, de la copie de copie, jusqu'à l'infini. Mais attention : dans le monde électronique la copie a changé de nature. Elle n'est plus le substitut dégradé d'un original, son sous-produit. La copie d'un fichier numérique est strictement identique au fichier source. Ce n'est pas une copie, c'est un clone. Toute la savante hiérarchie sur laquelle se fondent les jugements de valeur entre originaux et reproductions, fondamentale dans le monde de l'art, s'effondre. La possibilité de reproduire et de transmettre à l'identique quelque forme que ce soit a fait de l'image *à l'heure de sa reproduction technique*, comme disait Walter Benjamin de la photographie, une sorte d'écriture, comme l'avait soupçonné Champollion en voyant dans les hiéroglyphes autre chose que des pictogrammes.

La thèse de Jacques Derrida, qui fait entrer dans l'écriture « toute inscription durable d'un signe » n'est plus un paradoxe. Dans le monde électronique, la différence entre l'oral et le visuel n'est qu'une affaire de longueur d'onde. Les pessimistes diront que l'image et le son corrompent l'écriture comme Saussure disait que l'écriture corrompait la langue. Les optimistes diront que c'est une chance que nous avons de jouer sur tous les tableaux : l'oral et le visible, à condition de réviser, élargir ou 'augmenter', notre notion d'écriture. L'écriture de la langue n'en est plus qu'une catégorie.

Troubles dans l'écriture

C'est bien l'inscription dans l'espace, et plus précisément l'image au sens large (figurative ou abstraite), vedette de nos écritures mécaniques et de nos écrans, qui sème le trouble. Non qu'on lui prête – comme le fit la pensée classique avec les emblèmes, allégories, symboles et autres hiéroglyphes – un code linguistique qu'évidemment elle n'a pas, mais parce que la possibilité de la reproduire à l'identique et de la transmettre en nombre illimité, l'élève à la puissance d'une écriture. Elle procède comme la langue ou l'alphabet dont le code inaltérable garantit la permanence du sens. Retrouvant sa dignité d'écriture, l'image ouvre la porte à tout tracé, naguère considéré comme disqualifié faute de suite dans les idées et d'instabilité sémantique. Peu importe que la numérisation permette de modifier l'image de façon capricieuse : cette modification est, à son tour, enregistrée et reproductible. Sa répétition sans faute compense sa frivolité, qui l'a fait exclure de la famille des écritures dont elle n'était que la distraction, sous le nom protecteur d'« illustration ». L'enregistrement systématique de nos écritures, le géo-référencement de tous les signes, l'usage massif de l'imagerie et des graphiques dans les sciences et les techniques, ne font que rendre plus effervescente l'émulsion de l'image et de la langue et plus urgente la révision de leur procès.

Claude Hagège dans son livre *L'homme de paroles*, envisage la capitulation de l'écriture devant l'enregistrement sonore[4]. La question mérite d'être posée à l'époque où des machines savent transcrire la langue parlée en langue écrite, et vice-versa. On peut aujourd'hui écouter un livre et lire une voix. L'un ne remplace pas l'autre comme Jack Goody s'en est aperçu. Les *Mille et une nuits* change de sens entre la nuit et le jour et selon chaque récitant. Depuis 1875, l'enregistrement d'une voix permet sa diffusion *urbi et orbi* et sa conservation dans le temps. Cela n'assure pas pour

4. Claude Hagège, *L'Homme de paroles,* Paris, Gallimard (coll. folio-essais), p. 123-124.

autant sa suprématie sur l'écriture graphique car la parole, même enregistrée, même lue par une voix synthétique, n'a d'autorité que celle de la voix du sujet qui l'énonce. L'écriture, émancipée de son auteur, objectivée, relève d'une autre juridiction que la parole d'origine organique. C'est pourquoi l'abandon de l'apprentissage de l'écriture manuscrite, fondement de nos programmes scolaires, fait peur, comme si elle était une amputation.

Une autre erreur serait de voir dans l'image l'avenir d'une écriture universelle, libérée de la langue. Devant le succès prodigieux de ce qu'on appelle faute de mieux le graphisme, certains ont prophétisé le « devenir image » de l'écriture. On pourrait aujourd'hui y croire devant ces images qui s'envolent comme des papillons des écrans de nos téléphones portables, les MMS, destinés à la consommation immédiate, échangés d'un écran à l'autre parfois sans commentaire. L'image indocile, imprévisible, confuse, reste le domaine du rêve, de l'imaginaire et de l'art. L'audiovisuel semble changer la donne : image et son y sont associés, s'inscrivant l'un et l'autre dans la même durée. Elle combine les avantages des deux (parole et image), mais elle en garde aussi les défauts : leur « adhésion au réel » (comme disait Roland Barthes à propos de la photographie), leur volatilité, leur subjectivité et leur valeur circonstancielle. L'écriture en assume l'indispensable validation par une autorité sédentaire.

La notion d'écriture se perd aujourd'hui entre des objets graphiques qui n'ont plus qu'un rapport lointain avec la langue, comme ces graphes d'artistes, ou tags qui sont des sortes d'écriture pour elle-même, et ces écritures purement fonctionnelles que sont par exemple les codes-barres et les *hashtags*, représentations qu'on hésite à appeler des images, dont le seul lecteur est un robot capable d'opérations logiques, comme celles dont rêvait Leibniz pour fonder une écriture universelle.

Le fil et le filet

La possibilité d'une écriture apparaît quand la trace engendrée par le geste, volontaire ou non, se transforme en tracé, sur le sable ou dans le marbre. Le tracé est toujours visible mais pas nécessairement « lisible ». À la ligne « tracée », celle, libre, du dessin à main levée ou du chant improvisé, Tim Ingold oppose la ligne « construite », réfléchie, calculée, voire codée et par là communicable, échangeable et reconductible[5]. C'est elle qui permet l'écriture. Elle respecte et fixe un rythme, un parcours, un espace doué de reconnaissance. Tim Ingold rappelle le débat entre les historiens de l'art du siècle dernier : Gottfried Semper voyait l'origine de l'art dans la technique du tissage, qui n'est pas une ligne mais un réseau de lignes, à quoi Alois Riegl répondait qu'avant la tresse, il y a le trait, comme le montrent les objets préhistoriques.

La technique du tissage a anticipé l'écriture électronique, en réduisant toute figure à un schéma binaire, celui de la dentelle ou de la broderie, ou des fiches « mécanographiques » qui, à l'heure de l'industrie, s'emparèrent des métiers à tisser. Le « lisage » permettait, en suivant des fiches quadrillées, la vérification de la conformité point à point des mailles. Ainsi texte et textile sont-ils apparentés de tout temps. Dans de nombreux pays, les motifs des tapis, broderies et dentelles racontent l'histoire selon des codes ancestraux. Les entrelacs de nombreux rituels protègent, par leur enchevêtrement, l'entrée des maisons et des temples. Ce sont des pièges à démon. Seule la ligne construite ou clairement énoncée nous libère du labyrinthe. Réversible, elle permet de remonter le fil d'Ariane. Elle seule peut devenir écriture.

5. Tim Ingold, [2007] 2011.

Le mythe d'Arachné, raconté par Ovide au début du livre VI de ses *Métamorphoses*, est une première et brève histoire de l'écriture. Les talents d'une humaine tisserande excitaient la jalousie de la déesse Pallas, maîtresse de cet art. Elles décidèrent de rivaliser. La compétition tourna à l'avantage de l'humaine, à la grande colère de la déesse qui décida de s'en venger en déchirant son ouvrage. La tisserande, de dépit, voulut s'étrangler avec son propre fil. Apitoyée, Pallas la transforma en araignée, au corps atrophié, à la tête minuscule et aux bras disproportionnés, réduite à un ventre d'où s'échappe un fil qu'elle secrète et auquel elle restera toute sa vie suspendue. Cette bave qui l'emprisonne et la soutient à la fois, s'ordonne en un filet qui lui permettra de vivre en capturant des proies qu'elle enrobe d'un suc avant de les digérer hors d'elle-même[6]. Le fil continu ne se déroule pas au hasard. Il s'organise, sans qu'on sache comment, point à point, en un savant réseau. Pascal Quignard a donné de la fable cette interprétation : « On dit que la toile selon son étendue, sa forme, sa solidité, ses leurres, sa beauté, au tout dernier moment, tisse l'araignée qui lui est nécessaire...[7] »

6. J. Svenbro, « Figures textiles de la parole dans l'antiquité gréco-romaine », dans O. Blanc (dir.), *Textes et textiles du Moyen-Âge à nos jours*, ENS éditions-Institut d'histoire du livre, 2008, p. 11-27.

7. *Villa Amalia*, Gallimard, 2006, p. 274.

Ainsi sommes-nous suspendus à une Toile qui recouvre le monde, dont nous ignorons les origines mais dont nous savons qu'elle est humaine, qu'elle semble s'engendrer d'elle-même, dans des règles policées par des comités d'experts et dont, selon nos conditions, nos usages et notre éducation, nous sommes les artisans ou les proies. Selon *Wikipedia* « il faut entendre par “gouvernance de l'Internet” l'élaboration et l'application par les États, le secteur privé et la société civile, dans le cadre de leurs rôles respectifs, de principes, normes, règles, procédures de prise de décision et programmes communs propres à modeler l'évolution et l'usage de l'Internet. » Tous les signes sont permis.

L'ouverture vertigineuse de la notion d'écriture que les techniques d'enregistrement et de reproduction nous autorisent, nous aura contraints à réintégrer dans son champ les écritures non verbales, venues de la préhistoire ou de pays lointains, écritures imaginaires, figurées ou chiffrées. Elle laisse les enseignants dans le désarroi, aux prises avec une langue qui n'est plus celle que l'on écrit et une écriture irréductible à la langue, s'accrochant parfois à une frauduleuse « lecture » de l'image sur le modèle d'une lecture des mots. Oui, l'écriture note bien autre chose que de la langue. Non, l'image n'est pas « lisible ». On peut la commenter, la décrire, l'interpréter, mais on ne peut pas la lire comme si elle était un texte. Il faut en respecter la déraison religieuse, affective ou artistique. En revanche, l'image s'insinue, s'infiltre et finalement s'inscrit dans l'écriture. Parfois même elle la submerge, se fond dans son tracé, dans un geste à la fois délibéré et institutionnalisé. Suspendu, l'écrit attend d'être lu, y compris lorsqu'il est protégé par des codes aussi clos que celui de l'alphabet.

Une brève bibliographie

Aucun savant ne peut aujourd'hui rassembler une bibliographie sur l'écriture tant le champ s'est étendu et surtout distendu d'un côté vers l'anthropologie, de l'autre vers les nouvelles technologies de communication. La liste qui suit est délibérément subjective et ne retient que les ouvrages que j'ai lus avec profit et avec plaisir.

Ce petit livre rend hommage à Anne-Marie CHRISTIN qui a renouvelé l'histoire de l'écriture par ses travaux propres et par de nombreux ouvrages collectifs qui forment comme une mosaïque des nouvelles approches de l'écriture. Le principal est son *Histoire de l'écriture. De l'idéogramme au multimédia*, Flammarion, 2e éd., 2012, précédé d'autres travaux collectifs dont : *L'Espace et la lettre*, UGE, 1977 ; *Écritures, système idéographiques et pratiques expressives*, Le Sycomore, 1982 ; *Écritures II*, Le Sycomore, 1985 ; *Ecritures III : Espaces de la lecture*, Retz, 1988 ; *L'Écriture du nom propre*, L'Harmattan, 1998. Elle fut l'architecte du colloque tenu à la bibliothèque d'Alexandrie en 2003, *Actes du Forum International d'Inscriptions, de Calligraphies et d'Écriture dans le monde et à travers les âges,*

Biblioteca Alexandrina, 2007. Ses articles majeurs ont été réunis dans *L'Image écrite ou la déraison graphique*, Flammarion, 1995. Son dernier ouvrage est *L'Invention de la figure*, Flammarion, 2012.

Notre dette va aussi à l'ouvrage fondateur de Jean-Jacques GLASSNER, *Écrire à Sumer. L'Invention du cunéiforme,* Le Seuil, 2000, qui le premier fait la part des choses entre le monde des images, celui des chiffres et celui du phonétisme. Sa bibliographie en dit long sur ses compétences, et son article « Essai pour une définition des écritures », *L'Homme*, n° 192, 2009, pose toutes les questions, y compris celle de savoir si la langue est le seul élément structurant de notre pensée, postulat de toutes les définitions antérieures de l'écriture. Ses travaux sur la divination dont il prépare la synthèse font le point sur cette difficile question.

Rompant avec le point de vue exclusif des linguistes sur l'écriture affirmé par Ferdinand de Saussure dans son *Cours de linguistique générale*, publié par ses élèves en 1913, IgnacE J. GELB dans *Pour une théorie de l'écriture,* Flammarion,[*A Study of Writing. The Foundations of Grammatology*, 1952], 1973 ; puis Jacques DERRIDA dans *De la grammatologie*, Minuit, 1967 donnaient une autre définition de l'écriture, en même temps que Marshall MCLUHAN en élargissait le champ aux médiums dans *La Galaxie Gutenberg* [1962], Mame, 1967. Depuis un demi-siècle de nombreux chercheurs ont refondé la notion d'écriture, à commencer par les préhistoriens comme André LEROI-GOURHAN, *Le Geste et la parole, technique et langage,* Albin Michel, 1964-65, Denis VIALOU, *La Préhistoire,* Gallimard (L'Univers des formes), 2006, ou Emmanuel ANATI, *L'art rupestre dans le monde, L'imaginaire de la préhistoire,* [1995], Larousse, 1997, inspirant des travaux audacieux comme ceux de Marija GIMBUTAS, *Le Langage de la déesse,* Des femmes, 2006 ou de Jean CLOTTES, *Les chamanes de la préhistoire,* Le Seuil, 1996 et plus récemment, J. CLOTTES & Meenakshi DUBEY-PATHAK, *Des Images pour les dieux*, Actes Sud, 2013,

Les historiens de l'art allemands et autrichiens du début du siècle avaient préparé cette reconversion à travers les débats sur les premiers motifs tracés. Ils posent la question du départ entre motifs géométriques répétitifs et reproductibles formant systèmes et les marques et motifs isolés qui excluent un usage d'écriture. Peu de leurs ouvrages sont traduits en français : d'Aloïs RIEGL : *Questions de style,* [1893] Hazan, 1992 et *Grammaire historique des arts plastiques*, Klincksieck, 2003 et un seul de Gottfried SEMPER, *Du Style et de l'architecture,* Parenthèses, 2007, le plus important étant celui de Willehlm WORRINGER, *Abstraktion und Einfühlung* [1910], éd. fr.

Klincksieck, 1978, avec une remarquable introduction de Dora VALLIER.

Les ethnologues ont étendu le débat sur la nature de l'écriture, notamment Jack GOODY, *La Raison graphique. La domestication de la pensée sauvage*, Minuit, 1979, [1977] en insistant sur les formes tabulaires irréductibles à la langue parlée et sur la rupture qu'introduit l'enregistrement, mais aussi *La logique de l'écriture. Aux origines des sociétés humaines*, Armand Colin, 1986 ; *Entre l'oralité et l'écriture*, PUF, 1993. Les ethnologues ont apporté de multiples matériaux inconnus qui chaque fois remettaient en cause la nature même de l'écriture, John DE FRANCIS, *Visible speech. The Diverse Oneness of Writing Systems*, Honolulu, 1989 ; Geneviève CALAME-GRIAULE, *Ethnologie et langage : la parole chez les Dogons*, Institut d'ethnologie, 1987 ; Aurélie NÉVOT, *Comme le sel, je suis le cours de l'eau. Le chamanisme à écriture des Yi du Yunnan (Chine)*, Société d'ethnologie, 2008 ; Pierre DÉLÉAGE, *Inventer l'écriture : rituels prophétiques et chamaniques des Indiens d'Amérique du Nord*, XVIe-XIXe, Les Belles Lettres, 2013, *Le Geste et l'écriture : langues de signes, Amérindiens, logographie*, Armand Colin, 2013, et la profonde réflexion de Tim INGOLD, *Une brève histoire des lignes*, S/Z, 2011, [2007]. On aura une idée de cette diversité dans le déjà vieux recueil de Robert Lafont (dir.), *Anthropologie de l'écriture*, CCI-Centre Georges Pompidou, 1984. Le laboratoire de l'École pratique des hautes études en sciences sociales intitulé *Anthropologie de l'écriture*, poursuit ces recherches sous la direction de Béatrice FRAENCKEL, auteur d'une thèse sur une des formes stratégiques de l'écriture : *La Signature, genèse d'un signe*, Gallimard, 1992.

Ces innovations n'ont en rien fait vieillir les grands classiques de l'histoire de l'écriture, celui de James G. FÉVRIER, *Histoire de l'écriture*, Payot, 1984, véritable encyclopédie des écritures connues; celui de Marcel COHEN, *La Grande Invention de l'écriture*, 1963, heureusement réédité par Robert Laffont (coll. Bouquins, 2005) dans un seul volume avec le célèbre colloque du Centre international de synthèse, *L'Écriture et la psychologie des peuples* (Armand Colin, 1963) et d'autres textes sur la calligraphie et les calligrammes de Jérôme Peignot. Nous disposons plus récemment des trois beaux volumes (et d'un DVD) de *L'Aventure des écritures*, dir. Anne ZALI, Annie BERTHIER, Simone BRETON-GRAVEREAU et Danielle THIBAULT, 1997-1999, issues d'expositions de la Bibliothèque nationale de France.

L'évolution des écritures au Moyen-Orient a donné lieu à une abondante littérature dont on aura une idée dans quelques grands recueils dirigés par Rina VIERS, publiés par Karthala et l'association Alphabets : *Des Signes pictographiques à l'alphabet*, en 2000;

Langues et écritures de la Méditerranée, en 2006 et les actes du colloque présidé par l'égyptologue Pascal VERNUS, *Les Premières Cités et la naissance de l'écriture,* Actes Sud, 2011. Sur Babylone, les travaux importants sont ceux de Jean BOTTÉRO, *Mésopotamie. L'écriture, la raison et les dieux,* Gallimard, 1987 et de Dominique CHARPIN, *Lire et écrire à Babylone,* PUF, 2008. Les ouvrages sur la naissance des écritures ont vieilli : le catalogue de l'exposition du Grand Palais en 1982, *Naissance de l'écriture. Cunéiformes et hiéroglyphes* ou le recueil traduit de l'anglais, *La Naissance des écritures. Du cunéiforme à l'alphabet,* [1990] Le Seuil, 1994. On retiendra en revanche le gros recueil dirigé par Marcel DÉTIENNE, *Les Savoirs de l'écriture en Grèce ancienne,* Presses universitaires de Lille, 1988.

Sur la Chine, les ouvrages en français les plus récents sont : Jean François BILLETER, *Essai sur l'art chinois de l'écriture et ses fondements,* Allia, 2010 ; Thomas Francis CARTER, *L'Imprimerie en Chine,* Imprimerie nationale, 2011 et Léon VANDERMEERSH, *Les Deux Raisons de la pensée chinoise. Raison divinatoire et raison idéographique,* Gallimard, 2013 ; Anne-Marie Christin avait dirigé le n° 40 (juillet 2001) de la revue *Textuel* « Écriture et typographie en occident et en Extrême-Orient » et la revue *Histoire et civilisation du livre* (t. III), a consacré un dossier « Chine-Europe : Histoires de livres », dir. Michela

BRUSSOTI ET Jean-Pierre DRÈGE, Droz, 2007 où sont abordées les questions des caractères.

Les mathématiciens, délaissés par l'histoire de l'écriture, malgré le gros volume de Georges IFRAH *Histoire universelle des chiffres*, Robert Laffont, 1981 (rééd dans la coll. Bouquins), ont trouvé leur réflexion dans le colloque organisé par Éric GUICHARD : *Écritures : sur les pas de Jack Goody*, Presses de l'Enssib, 2012 et dans le livre de Clarisse HERRENSCHMIDT, *Les Trois Écritures. Langue, nombre, code*, Gallimard, 2007. Pour l'écriture géographique, on lira de Christian JACOB, outre ses nombreux articles, *L'Empire des cartes*, Albin Michel, 1992.

Plusieurs colloques ont donné lieu à d'importantes communications, notamment celui tenu au Collège de France : Maxime GORCE (dir.), *Les Pré-écritures et l'évolution des civilisations*, Klincksieck, 1974 ; Nathalie BEAUX, Bernard POTTIER ET Nicolas GRIMAL (dir.) *Image et conception du monde dans les écritures figuratives*, AIBL-Soleb, 2009 ; Sur l'Afrique, Simon BATTESTINI (dir.) *De l'Écrit africain à l'oral. Le phénomène graphique africain*, L'Harmattan, 2006. David DALBY, spécialiste des écritures africaines a laissé un bel album sur *L'Afrique et la lettre*, Karthala, 1986.

L'histoire de l'écriture se fait au rythme des déchiffrements, à lire comme des récits d'aventure, comme celui de John CHADWICK, *Le déchiffrement du Linéaire B. Aux origines de la langue grecque* [1958] Gallimard 1972 ;

celui de Michael D. COE, *Breaking the Maya Code*, Thames & Hudson, 1992; Caterina MAGNI, *Les Olmèques. La genèse de l'écriture en Méso-Amérique*, Errance, 2013, sans oublier le Colloque du XXIXe congrès international des orientalistes, Jean LECLANT (dir.) *Le Déchiffrement des écritures et des langues*, L'Asiathèque, 1975 ou plus récemment, Brigitte LION & Cécile MICHEL, *Histoires de déchiffrements*, Errance, 2009.

La classique *Anthopologie du geste*, de Marcel JOUSSE, 1955 (rééd. Gallimard, 1978) ne dispense pas de lire les ouvrages plus récents sur les écritures de la danse, de la langue des sourds et autres langues par signes comme Jean-Claude SCHMITT, *le Corps, les rites, les rêves, le temps. Essais d'anthropologie médiévale*, Gallimard, 2001.

Parmi les essais touchant les frontières de l'écriture, on retiendra : Nina CATACH (dir.) *Pour une théorie de la langue écrite*, CNRS, 1988 ; Isabelle SERÇA, *Esthétique de la ponctuation*, Gallimard, 2012 ; Jean-Claude MATHIEU, *Écrire, inscrire. Images d'inscriptions, mirages d'écriture*, José Corti, 2010 ; Marc ARABYAN ET Isabelle KLOCK-FONTANILLE, *L'Écriture entre support et surface*, L'Harmattan, 2005 ; Simon SINGH, *Histoire des codes secrets, des pharaons à l'ordinateur quantique*, Livre de poche, 1990. Les « maladies » de l'écriture ont été diagnostiquées par Philippe ARTIÈRES, *Clinique de l'écriture. Une histoire du regard médical sur l'écriture,* Synthelabo, 1998, qu'on poursuivra avec *La Vie écrite. Thérèse de Lisieux,* Les Belles Lettres, 2011.

Sur l'écriture et les nouvelles technologies, les travaux qui, parmi tant d'autres, nous été le plus utiles sont ceux d'Yves JEANNERET et de Louise MERZEAU (avec des bibliographies qui doivent être en permanence actualisées).

Nous renvoyons aux spécialistes les innombrables références sur la paléographie, la calligraphie et l'imprimerie, déjà cités dans notre ouvrage *Livre*, éditions J.-C. Béhar, 2006. Il existe enfin des ouvrages de synthèse plus traditionnels : Charles HIGOUNET, *L'Écriture,* PUF (Que sais-je ?), 1969 ; Georges JEAN, *L'Écriture, mémoire des hommes*, Gallimard (coll. Découvertes), 1987 ; Donald JACKSON *Histoire de l'écriture,* Denoël, 1982 ; Louis-Jean CALVET, *Histoire de l'écriture,* Plon, 1996, ou le résumé du grand livre de Marcel COHEN, *L'Écriture*, éd. Sociales, 1953 et plus récemment Michel RENOUARD, *Naissance des écritures,* Ouest-France, 2015.

Autres travaux de l'auteur sur le livre, l'image et l'écriture

Michel Melot a déjà publié chez J.-C. Béhar éditions : *Livre,* (2006) et *Une brève Histoire de l'Image* (2007), dont *Une brève Histoire de l'Écriture* est l'autre volet.

Il a également écrit de nombreux articles dont :

La signature des estampes, dans A.-M. Christin (dir.), *L'Écriture du nom propre,* L'Harmattan, 1998, p. 287-300.

L'Esprit des lettres : violence et magie, *Cahiers de médiologie,* n° 17, mai 2004, p. 174-185.

Illustrer l'histoire de l'art, dans Nathalie Press et Joëlle Raineau (dir.) *L'Image à la lettre,* Paris-Musées/éd. des Cendres, 2005, p. 201-226.

La place du livre dans le monde de l'écrit ; Entretien avec Jack Goody, *Pratiques,* n° 131-132, décembre 2006, p. 76-82.

L'Image au risque du livre, dans : A.-M. Christin et Atsushi Miura, (dir.), « La lettre et l'image, nouvelles approches » *Textuel* , n° 54, 2007 (Paris 7 – Centre d'étude de l'écriture et de l'image), 2007, p. 17-26.

Les conséquences de l'imprimerie sur l'écriture latine, *Actes du forum international d'Inscriptions, de Calligraphies et d'Écritures dans le monde à travers les âges*, Alexandrie, Bibliotheca Alexandrina, 2007, p. 185-202.

La Triste histoire de l'écriture des Micmacs, *Graphê,* n° 43, juillet 2009, p. 10-20.

Le Rêve de l'écriture universelle, *Graphê,* n° 46, juin 2010, p. 12-21.

Les légendes des illustrations comme genre littéraire, *Histoire et civilisation du livre*, VI, Droz, 2010, p. 97-108

Le texte et l'image, dans *Histoire de l'édition française*, t. III, Promodis, 1985, p. 286-312.

Pour une nouvelle histoire de l'écriture, *Epistémé*, n° 7, juin 2012, p. 5-20.

Troubles dans l'écriture, *Médium*, n° 36, juillet-septembre 2013, p. 49-65.

Digital archives or anti-heritage, dans : B. Saou-Dufrene (éd.), *Heritage and Digital Humanities*, LIT Verlag, Berlin, 2014, p. 39-48.

Il a par ailleurs publié plusieurs ouvrages d'histoire de l'art dont les plus récents sont : *Daumier, l'art et la république*, Les Belles lettres/Archimbaud, 2008 et *Mirabilia, Essai sur l'Inventaire général du patrimoine culturel*, Gallimard (Coll. Bibliothèque des idées), 2012.

Table des matières

Collection **Sagesse d'un métier**

Et si la pratique d'un métier était aussi un parcours initiatique, un chemin vers la connaissance de soi et du monde ?

Déjà parus

La Sagesse du Jardinier, Gilles Clément

La Sagesse du Bibliothécaire, Michel Melot

La Sagesse du Médecin, Luc Perino

La Sagesse du Potier, Jean Girel

La Sagesse du Photographe, Fouad Elkoury

La Sagesse de l'Ethnologue, Michel Agier

La Sagesse d'une Femme de radio, Kriss

La Sagesse de la Monteuse de film, Noëlle Boisson

La Sagesse du Physicien, Yves Quéré

La Sagesse de l'Écuyer, Michel Henriquet

La Sagesse de l'Astronome, Jean-Pierre Verdet

La Sagesse de l'Éditeur, Hubert Nyssen

La Sagesse du Créateur de parfum, Maurice Maurin

La Sagesse de la Courriériste du coeur, Carlotta Alessandri

La Sagesse de la Conteuse, Muriel Bloch

La Sagesse d'une Psychologue, Marie de Hennezel

La Sagesse du Chimiste, Hervé This

La Sagesse du Professeur de français, Cécile Revéret

La sagesse de la Dentellière, Mylène Salvador

La Sagesse de l'Espion, Alain Chouet

La Sagesse du Faiseur de chansons, Georges Moustaki

La Sagesse de l'Aviatrice, Catherine Maunoury

La Sagesse du Danseur, Dominique Dupuy

La Sagesse du Chef opérateur, Philippe Rousselot

Collection **Une Brève Histoire**

Un auteur dessine en neuf chapitres l'histoire et le portrait de son sujet. Neuf moments comme des points lumineux dans l'espace et le temps, des ellipses d'un instant à l'autre.

Déjà parus

Une brève Histoire du Rugby, Sébastien Darbon

Une brève Histoire de l'Image, Michel Melot

Une brève Histoire du Climat, Frédéric Denhez

Une brève Histoire du Roman Noir, Jean-Bernard Pouy

Une brève Histoire du Médicament, Luc Perino

Une brève Histoire du Chat, Robert de Laroche

Une brève Histoire du Jardin, Gilles Clément

Une brève Histoire de l'Espace, Jacques Arnould

Une brève Histoire de la Corrida, François Zumbielh

Une brève Histoire du Cheval, Marion Scali

Une brève Histoire du Christianisme, Jacques Arnould

Une brève Histoire de l'Adolescence, David Le Breton

Une brève Histoire de l'Aviation, Michel Polacco

Une brève Histoire de la Céramique, Jean Girel

Une brève Histoire de la Violence, Philippe Breton

Une brève Histoire de l'Écriture, Michel Melot

Achevé d'imprimer par l'imprimerie Pulsio

Dépôt légal 3e trimestre 2015

ISBN : 978-2-915543-49-0